《中小学

王奉安

Gaowen yu Hanchao
高温与寒潮

宋中玲　高文静　◎　著

气象出版社
China Meteorological Press

图书在版编目（CIP）数据

高温与寒潮 / 宋中玲, 高文静著. -- 北京：气象
出版社, 2020.7
（中小学气象知识 / 王奉安主编）
ISBN 978-7-5029-6922-6

Ⅰ.①高… Ⅱ.①宋… ②高… Ⅲ.①高温—青少年
读物②寒潮—青少年读物 Ⅳ.①P423-49②P425.5-49

中国版本图书馆CIP数据核字(2020)第057175号
审图号：GS（2020）2306号

Gaowen yu Hanchao
高温与寒潮

宋中玲，高文静　著

出版发行：气象出版社

地　　址：北京市海淀区中关村南大街46号　　邮政编码：100081
电　　话：010-68407112（总编室）　010-68408042（发行部）
网　　址：http://www.qxcbs.com　　　E-mail：qxcbs@cma.gov.cn
责任编辑：邵　华　柴　霞　　　　　　终　　审：吴晓鹏
责任校对：张硕杰　　　　　　　　　　责任技编：赵相宁
设　　计：郝　爽
印　　刷：北京地大彩印有限公司
开　　本：787mm×1092mm 1/16　　　印　　张：7
字　　数：102千字
版　　次：2020年7月第1版　　　　　　印　　次：2020年7月第1次印刷
定　　价：35.00元

本书如存在文字不清、漏印以及缺页、倒页、脱页等，请与本社发行部联系调换

序言

2016年5月30日，中共中央总书记、国家主席、中央军委主席习近平在全国科技创新大会、中国科学院第十八次院士大会和中国工程院第十三次院士大会、中国科学技术协会第九次全国代表大会上的讲话中提出："科技创新、科学普及是实现创新发展的两翼，要把科学普及放在与科技创新同等重要的位置。没有全民科学素质普遍提高，就难以建立起宏大的高素质创新大军，难以实现科技成果快速转化。希望广大科技工作者以提高全民科学素质为己任，把普及科学知识、弘扬科学精神、传播科学思想、倡导科学方法作为义不容辞的责任，在全社会推动形成讲科学、爱科学、学科学、用科学的良好氛围，使蕴藏在亿万人民中间的创新智慧充分释放、创新力量充分涌流。"

科学普及工作已经上升到了一个与国家核心战略并驾齐驱的层面。科技工作者是科技创新的源动力，只有科技工作者像对待科技创新一样重视科学普及工作，才可能使科技创新和科学普及成为创新发展的两翼。

作为科普工作的一个重要方面，科学教育工作已经引起社会方方面面的重视。气象作为一门多学科融合的科学，对培养青少年的逻辑思维能力、动手能力等都具有重要的作用。另外，相对于成年人，中小学生在自然灾害（气象灾害造成的损失占自然灾害损失的7成以上）面前显得更加脆弱，因此，做好有针对性的气象防灾减灾科普教育具有重要的现实意义。在全国范围内落实气象防灾减灾科普进校园工作，从中小学阶段就开始让每一个学生学习气象科普知识，有助于帮助中小学生理解气象防灾减灾的各项措施，学会面对气象灾害时如何自救互救。

气象科学知识普及率的调查结果表明，灾害预警普及率、气候变化相关知识等基础性的气象知识普及率虽然存在区域性差异，但总体上科普的效果并不理想。究其原因，可能是现有气象科普产品的创作水平不高，内容同质化、单一化，未能满足公众快速增长的多元化、差异化需求。

气象科普工作任重而道远。

提高气象科普作品的原创能力，尤其是针对不同用户和需求的精准气象科普产品的研发，让气象科学知识普及更有效率、更有针对性，是我们努力的方向。

经过多方共同努力，针对中小学生策划的这套气象科普丛书《中小学气象知识》即将付梓，本套书共包括12个分册，由浅入深地介绍了大气的成分、云的识别、风雨雷电等天气现象的形成、气候变化和灾害防御等气象知识。为了更好地介绍气象基础知识，为大众揭开气象的神秘面纱，本丛书由工作在一线的气象科技工作者和科普作家撰稿，努力使这套书既系统权威又趣味通俗；同时，也根据内容绘制了大量的图片，努力使这套书图文并茂、生动活泼，能够让中小学生轻松阅读，有效掌握气象相关知识。

这套气象科普丛书的出版，将填补国内针对中小学生的高质量气象科普图书的空白。希望这套丛书能够丰富中小学生的气象科普知识，提升他们在未来应对气象灾害的自救、他救能力，在面对气象灾害时他们能从容冷静展开行动。

中国工程院院士　李泽椿

前言

早在1978年，气象出版社就出版了一套18册的《气象知识》丛书。1998年和2002年又先后出版了8册的《新编气象知识》丛书和18册的《气象万千》丛书。当时在社会上引起了较大反响，成为广大读者了解气象科技、增长气象知识的良师益友。但是，最新的一套丛书距今已有15年了。这15年来，气象科技在传统的研究领域有了长足的发展，雾、霾等频发的气象灾害，更为有效的防灾减灾手段等已经成为新的社会关注点，读者的阅读需求亦发生了较大变化。此外，气象科普信息化又赋予我们新的任务，向我们提出了新的挑战。因此，出版《中小学气象知识》丛书，以图文并茂、趣味通俗、系统权威地介绍气象基础知识，帮助大众了解气象、提高防灾减灾意识，显得尤为重要。这也正是贯彻党的十八大提出的"加强防灾减灾体系建设，提高气象、地质、地震灾害防御能力""积极应对全球气候变化"等要求的具体体现。

创作一部优秀的科普作品是一件很不容易的事，尤其是面向青少年读者群的科普作品更需要在语言文字上下大功夫。丛书的作者，既有知名的老科普作家，也有年轻的科普创客，他们为写好自己承担的分册均付出了很大的努力。

丛书包括12个分册：《大气的秘密》《天上的云》《地球上的风》《台风的脾气》《雨雪雹的踪迹》《霜凇露的身影》《雾和霾那些事》《雷电的表情》《高温与寒潮》《洪涝与干旱》《极端天气》和《变化的气候》，各分册中均将出现但未进行解释的专业名词加粗处理，并在附录中进行解释说明。该套丛书科技含量高，语言生动活泼、通俗易懂、可读性强。每本书都配有大量的图片。这12本书将陆续与读者见面。

2017年1月

目 录

谁统治了地球的冷暖

秋冬的早晨一走到室外，你就忍不住打了个响亮的喷嚏；或者夏季从凉爽的屋内到太阳底下一会儿，你就热得头晕眼花了。那么恭喜你，你一定是一个对气温非常敏感的人。不过以上两种情况只是比较正常的天气状况，要是碰上寒潮暴雪或者高温热浪，那才真的是让人不知所措呢。

如果能够控制空气的温度，永远穿着自己喜欢的衣服舒适地生活就好了。可到底是谁统治了地球的冷暖，谁是气温变化幕后的主宰呢？我们去看看地理课上同学们的讨论吧。

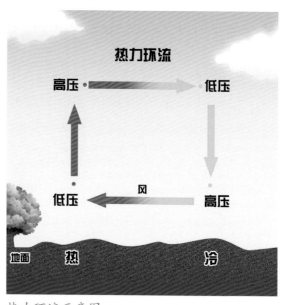

热力环流示意图

"我觉得造成空气又冷又热的原因是风。你们想想，本来好好的天气，一夜北风就变冷了，大热的天，一阵风来就凉爽很多，这不正说明温度的变化是风主宰的吗？"

"你说得不对，是空气温度的不同造成了气压不同，气压的不同引起空气流动，才产生了风，风是温度变化的结果，而不是原因。"

这两位同学争论得面红耳赤，有人提出让他俩猜锤头剪刀布，谁赢了就算谁说得对。幸好地理老师循循善诱，引导大家把思维拉回轨道。

"同学们先想想，地球上的热量来自哪里？"

"太阳。"这个问题真是太、太、太简单了吧。

简单地讲，地球的热量来自太阳，哪里得到的太阳辐射多，哪里的大气温度就高，太阳辐射少的地方，气温就会比较低，这是造成不同地方气温不一样的根本原因。

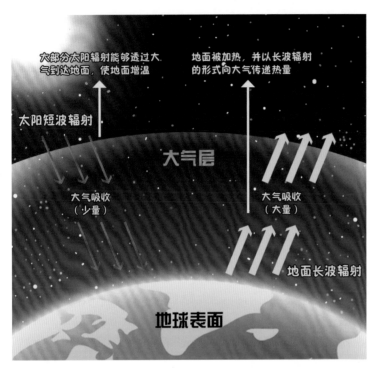

大部分太阳辐射能够透过大气到达地面，使地面增温

地面被加热，并以长波辐射的形式向大气传递热量

太阳短波辐射

大气层

大气吸收
（少量）

大气吸收
（大量）

地面长波辐射

地球表面

大气辐射示意图

太阳辐射

在我们生活的地球上，不同地理位置一年内接收的太阳辐射总量是不同的，同一地点不同的时段接收的太阳辐射也是不同的。是什么决定了地球接收的辐射量多少呢？到达地球某地的太阳辐射主要是由太阳高度角、日照时数和大气透光性决定的。

其实，太阳辐射到达地表以前，要经过大气的削弱作用，包括反射、散射和吸收等方式。地球在接收太阳辐射的同时，以长波形式向上发射辐射，所以，影响地球热量收支状况的是净全辐射，简称净辐射，也就是太阳与大气向下发射的辐射和地面向上发射的辐射之差。即净辐射为正时，地表接收到的辐射大于发射的辐射，表示地表增热；净辐射为负时，表示地表损失热量。地球与大气之间的热量平衡与天气和气候息息相关。

地球仪

"老师，地球为什么是倾斜的？"一个同学指着地球仪问。另一个同学捏着嗓子嚷道："不是我干的，这真的不是我干的。"教室里哄堂大笑。

"其实，目前还没有人能确定到底是什么让地轴倾斜。有一种观点认为，大约50亿年前，有一颗陨星或者是彗星撞击了地球，使它变得倾斜。也有人认为，地轴倾斜的主要原因是南半球大陆板块向北半球漂移的结果。"

"啊，原来是这样，我还以为地球一出生就长成了这样呢。"

地球的自转轴与其公转的轨道面形成66°34′的倾斜，这种关系，天文学和地理学上通常用它的余角（23°26′）来表示，被称为"黄赤交角"。由于黄赤交角的存在，太阳直射点在南北回归线之间作周年往返移动。春分时，太阳直射点在赤道，此后北移，直至6月21日或22日到达北回归线，此时是北半球的夏至日，烈日炎炎。而南半球的季节与北半球正好相反，6月的南半球正是寒冷的冬天。

因此，到达地球的太阳辐射随着时间和空间的改变而不同，地表获得的热量也随之发生变化。全年以赤道获得的辐射最多，极地最少。这种热量不均匀分布，必然导致地表各纬度的气温产生差异，这就形成了地球上的五个气候带。

那么风呢？

简而言之，空气的水平流动形成了风。气温的差异造成了气压的不同，暖的空气团气压比较低，冷的空气团气压比较高，这样冷空气就会向气压低的地方移动，就像水往低处流一样，于是风就形成了。

风的作用

　　可是，为什么人们会产生风带来严寒这样的错觉呢？是不是有风气温就会下降呢？其实不是的。有风的时候感觉更冷，这只有生物才能感觉到。如果把温度表放在风中，它的水银柱是一点也不会下降的。人在有风时之所以会感到冷，首先是因为有风的时候身体散掉的热量要比在没有风的时候多得多；再者，有风的时候，我们的皮肤会蒸发更多的水分，而蒸发耗损热量，所以人们会觉得比较凉爽。

　　"这么说，是太阳统治了地球的冷暖，风只不过是起到了一点推波助澜的作用罢了。"

太阳和寒风

　　不过我们也不能把所有的责任都推到太阳身上，地球上那些热死人的高温不全是太阳干的，幕后的黑手可多着呢！

　　那么是冷一些好呢，还是热一些好呢？

　　也许你会说，我还是喜欢冬天，冬天可以堆雪人啊。快点忘掉那可爱的雪人吧，如果空气冷到手指都被冻伤的话，那就不妙了。那么还是热一点好了？算了吧，那可怕的热浪袭来，可是让人招架不住的。

　　那，怎么办呢？其实每一种可怕的天气，不管是寒潮还是高温，只要了解它们的脾气，都能与它们和平共处、平安度过。

高温热浪探秘

后羿射日

高温热浪的传说

"天怎么这么热呀？真是太热了！"难道天上出现了10个太阳？不不不，很多年前，后羿就已经射掉了9个，这个神话传说，很多人上幼儿园之前就听妈妈讲过了。

是旱魃不甘寂寞出来巡视了吗？据说旱魃是中国传说里制造炎热、旱灾的妖神。流传最广的版本是这样的：黄帝与蚩尤大战时，因蚩尤请了风伯、雨师助阵，黄帝被打得节节败退，就请来天女魃参战。魃身着青衣，头上无发，发出很强的光和热，她所到之处风雨迷雾顿时消散。魃助黄帝打败了蚩尤，建立

祝融与共工大战

了奇勋，但也因此惹怒了玉帝，再也不能回到天上。于是，她就留居在人间。可是她走到哪里，哪里就炎热无比、赤地千里，人们都诅咒、驱逐她，称她为"旱魃"。《诗·大雅·云汉》中有这么一句："旱魃为虐，如惔如焚。" 这真是太可怕了，可不可以换一位温和点的神仙来巡视呢？

中国的传说中还有一个神仙与高温有很深的渊源，那就是祝融了。祝融又称赤帝，是传说中的火神，这大概就是人们把火灾称为"祝融之患"的依据了。相传，祝融和水神共工素来不和，两人之间经常发生惊天动地的大战。于是，祝融占领的地方就热浪滚滚，共工的地盘上则阴雨连绵。

与祝融和共工相比，古北欧人的太阳神巴尔德尔明显更受世人爱戴。巴尔德尔又称光明之神，是众神之王奥丁的儿子。他拥有一头金黄的头发，光彩夺目，给万物以太阳的光辉和温暖。他才貌出众，为人正直，永远是和颜悦色，满面春风，无论人和神都喜欢他。因为古北欧人很少受到高温的炙烤，所以他们传说中的太阳神只会带来温暖和光明。

若一一列举，掌管人间炎热的神仙实在太多了，而且要想安然地度过一场场高温天气，祈求神仙们似乎也无济于事。希望各国的神仙都能够自觉待在自己的地盘上，管好自己的一方天空就好了。我们还是学习一下各国对高温的定义吧。

高温的定义

高温，顾名思义指的是温度高，作为一个气象学术语，通常是指一段持续性的高温过程，是一种常见的气象灾害。

对于高温，目前国际上还没有统一而明确的定义。世界气象组织建议的高温热浪标准为：日最高气温超过32 ℃且持续3天以上。世界各国对高温的定义存在很大差异。

在中国，一般把日最高气温达到或超过35 ℃称为高温，连续数天（3天以上）的高温天气过程称之为高温热浪（或称之为高温酷暑），当气温达到或预计达到相关标准时，气象部门就会发布高温预警。美国、加拿大、以色列等国家的气象部门则是综合考虑了受温度和相对湿度影响的热指数，根据热指数发布高温警报。例如，美国发布高温预警的标准是：当白天连续2天有3小时超过40.5 ℃或者在任一时间超过46.5 ℃，发布高温警报。德国科学家基于人体热量平衡模型，制定了人体体感温度指标，以人体生理等效温度41 ℃为高温热浪预警标准。因为当人体生理等效温度超过41 ℃，热死亡率会显著上升。

"桑拿"和"烧烤",你更喜欢哪种模式

太阳炙烤着大地,天地之间变成了巨大的"蒸笼",亦或"烤炉",如果你没有体验过"桑拿"和"烧烤"两种模式,那你一定不曾经历过真正的高温热浪。

由于人体对冷热的感觉不仅取决于气温,还与空气的湿度、当时的风速等气象条件有关,因此高温天气被分为两种类型:干热型和闷热型。

气温极高、太阳辐射强、空气湿度小的高温天气,称为干热型高温,干热型高温也被人们戏称为"烧烤模式"。这种高温天气在夏季的中国北方地区经常出现。当气温并不太高(相对而言),但空气湿度大时,人们感觉闷热难耐,就像在蒸笼中,此类天气为闷热型高温,又称"桑拿天",在中国沿海、长江中下游以及华南等地经常出现。

近年来,随着全球变暖的加剧,世界各地出现高温热浪的频率越来越高。温度,是气候家族中重要的一员,它的升高不仅仅是热那么简单,而且会改变整个气候系统。

体验"烧烤"和"桑拿"式高温

越来越热的地球

气候具有可怕的力量，从地球诞生以来，每一次巨大的气候变化，都会造成生命体的诞生与灭绝，如恐龙、长毛象这样的庞然大物都是因为突如其来的气候变化而从地球上消失的。地球从4万多年前的新生代第四纪以来，开始交替出现冰河期和间冰期。根据研究结果，其周期为10万～20万年。有的学者主张，未来1000～2000年后，冰河期会再次来临。而另一派学者警告说，冰河期来临前，地球会遭受酷热之苦，可能所有生物都面临灭绝。

19世纪工业革命以前，全球平均气温约为15 ℃，20世纪的全球平均气温为15.5 ℃。政府间气候变化专门委员会（IPCC，Intergovernmental Panel on Climate Change）第五次评估报告指出，近130年（1880—2012年）全球平均气温已经上升了0.85 ℃，据估计到21世纪末，全球地表将平均增暖1.1～6.4 ℃。

2015年7月21日，世界气象组织发布消息称，根据多家机构统计，2015年上半年的全球海陆表面平均温度及6月全球平均温度均打破历史最高纪录。根据美国国家海洋和大气管理局监测资料显示，2015年1—6月的全球平均温度竟然达到了16.35 ℃，比20世纪的平均温度（15.5 ℃）高0.85 ℃，创历年新高。同时，海洋表面气温、陆地表面气温也创历史新高。

如果地球会说话，它一定会呻吟："最近温度又升高了，感觉浑身酸痛……"

的确，不断升高的气温，使得地球痛苦不堪，脾气越来越不可捉摸。世界各地动不动就发生旱灾、高温热浪、森林火灾等自然灾害。20世纪80年代以来，异常气候经常发生，如今越来越频繁。

一百多年只是升高了0.85 ℃而已，地球怎么会像生大病一样，浑身伤痕累累呢？或许对于人类的感受来说，不太能体会0.1 ℃的温差有多大。不过从地球整体来看，0.1 ℃的温差却能使水结冰或使冰融化。

增温的影响

0 ℃是让水结冰的"冰点"。从冰点上升0.1 ℃，冰就会融化成水；相反地，从冰点下降0.1 ℃，水就会结成薄薄的冰。因此有时0.1 ℃的差距是融冰还是结冰的关键。如今地球的气温上升了0.85 ℃，你可以想象会怎么样吗？

科学家们预言，假如地球平均气温不断升高的话，人类可能会面临巨大的灾难。安第斯山脉的万年积雪、喜马拉雅山脉的冰河将可能全部融化，流进海洋，北极苔原从地球上消失，热带雨林遭到破坏，高温滋生大量蚊虫，许多生物相继灭绝，人类面临生存威胁。当地球平均气温上升达到6 ℃时，95%的地球生物将遭受灭顶之灾。

消瘦的北极熊

这真是太可怕了，但这绝不是危言耸听。在全球变暖的影响下，北极冰川融化加剧，冰层变薄变少。北极熊栖息、捕猎之地急剧减少，在本该摄食增重的时期营养不足，再加上在水中热量被大量消耗，北极熊日渐消瘦。近年来，频繁发生的高温热浪、暴雨、干旱等极端气候事件，已经为人类敲响了警钟。

北极熊

地球为什么越来越热

我们都知道，地球周围大气层中的气体，具有如温室一般的功能。

太阳短波辐射透过大气层到达地球表面，地表接收辐射后升温，放出大量长波辐射。但长波辐射难以透过大气反射到空中，其中一部分辐射被大气中的二氧化碳等温室气体吸收，从而使大气层和地球变暖。其作用类似于栽培农作物的温室，因此这种作用被称为"温室效应"，又叫"花房效应"。

假如地球没有大气层会怎么样呢？从地球表面反射的阳光，会一点都不留地完全反射到太空中，这时没有照到阳光的地球另一面，地表平均温度会降到－23 ℃。在这种温度下，地球上的任何植物都没有办法生长。因此，温室效应本来并不是一件坏事，它让地球保持温暖。

可怕的是，现在地球的气温比过去上升了0.85 ℃。温室气体是由二氧化碳、甲烷及其他氮氧化物等构成的，其中对温室效应影响最大的是二氧化碳。二氧化碳是生物维持生存的必要气体之一，不过因为其急速增加，对气候造成了不利的影响。

二氧化碳一旦累积到大气中，就不容易消失，因此发掘古生物化石时，科学家经常利用碳的同位素^{14}C来测定化石的年代。在大自然中，树木会吸收二氧化碳并转化为能源，海洋吸收二氧化碳

温室效应

的量比树木多50倍，但总的来说，二者消除二氧化碳的作用还是相当有限。其余的二氧化碳便随着水蒸气散布到大气中，持续累积，最后地球便无可避免地越来越热。

那么，二氧化碳从哪里来的呢？火山活动和森林火灾所排放的二氧化碳量仅为20%，人类活动排出的二氧化碳量却高达80%。根据研究，如果人类不想办法控制二氧化碳的排放量，任凭目前的状态继续发展，到2080年，地球气温会上升3～6 ℃，也就是说，地球变成蒸笼的日子已经不远了。

这么说，地球变暖的主要嫌疑犯就是人类，而气候异常就是对人类罪状的惩罚。在工业活动中，排放二氧化碳最多的是煤、石油、煤气等化石燃料，全球化石燃料排放的二氧化碳占大气中二氧化碳总量的50%以上。为了减缓地球变暖，人类亟须获得新的清洁能源。

在找到新能源之前，我们能够做点什么呢？减少开私家车，外出时记得关空调，电暖气必要时才使用，离开房间时随手关灯，减少制造垃圾，减少肉类的消费，爱护森林。当然，还要减少使用化肥和农药，要知道，15%的二氧化碳来自农业用的化学物质。

私家车出行排放大量尾气　　　工业活动释放废气

制造高温热浪的帮凶

地球已经越来越热。我们都知道，一般情况下，位于热带、副热带地区的国家更容易受到高温热浪的袭击，比如印度和巴基斯坦。可是近年来，位于中、高纬度地区的中国、美国及一些欧洲国家，也频频遭到高温的肆虐，天气日趋炎热。这又是怎么回事呢？太阳是地球热量的来源，但每一次高温天气的形成是由很多因素造成的，现在我们以中国为例，揪出隐藏在幕后的一个个帮凶。

副热带高压和大陆高压

我们在天气预报节目中经常能听到这样一个词语——副高，很多时候，这个词往往与高温热浪紧密相连，让人们产生了副高带来了高温的印象，其实不尽然。

西太平洋副热带高压

副高，指的是副热带高气压，是海洋上形成的暖气团。由于这些高压环绕整个副热带地区，所以被统称为副热带高压带。它们对中、高纬度地区和低纬度地区之间的水汽、热量、能量的输送和平衡起着重要的作用，是大气环流的一个重要系统。

影响中国的副高指的是西太平洋副热带高压，每年的1—7月，副高逐渐北移，带来洋面上充沛的水汽，同时也带来了副热带的"热情似火"，这使得

西太平洋副热带高压，即平时简称的"副高"，是持续高温的罪魁祸首。

大陆高压

北京*

●如果副高东退至海上，大陆高压是不会"追"到海上的。
●如果副高继续加强西伸，确实有可能和大陆高压相打通，一旦打通，酷暑的范围更大。

副高与大陆高压携手共舞

我国夏季气温普遍高于同纬度其他地区。因此，夏季，中国东部天气的晴雨冷热，很大程度上取决于副高的强弱。如此说来，西太平洋副热带高压与高温热浪的形成是脱不了干系了。

其实，在副高的不同部位，出现的天气情况是各不相同的。很多时候，在同一时期，受副高影响，常常是此处雨水不断，一片汪洋，彼处却高温连着热浪，大地旱得冒烟。这是因为，在副高西北一侧，由西南气流统治，水汽充足，降水自然容易光顾。而在副热带高压区内，由于下沉气流影响，气温升高，水汽不易凝结，天气炎热干燥，因此副高中心盘踞的"营地"必然是个"大火炉"或者"蒸笼"。当你在"烧烤模式"和"桑拿模式"的轮番"关

照"下汗流浃背，深受暑热煎熬时，副高功不可没。有时，副高热情得过度，长期盘踞在一个地方，恋恋不舍，那可不是什么好事。1994年，势力强大的副高稳踞在长江中下游地区，迟迟不肯离去，致使那里发生了几十年不遇的严重高温伏旱天气。

所以，说副高是制造高温热浪的第一大帮凶一点都不为过。

大陆高压也是制造高温热浪的帮凶之一，夏季，中国华北的高温天气经常是拜其所赐。更可怕的是当副高与大陆高压"携手共舞"时，中国将会出现大面积的高温，并且火力十足，真正是"烧烤"与"桑拿"并存。

厄尔尼诺和拉尼娜

出现所谓"千年极寒"时，有人提到厄尔尼诺；暴雨频现、洪水泛滥时又有人埋怨厄尔尼诺；现在说到高温热浪，又要把罪名扣到厄尔尼诺头上了。是厄尔尼诺为了"搏出位"，处处抢镜吗？还是气象工作者一遇到无法解释的现象就把厄尔尼诺当成了"替罪羊"呢？

"厄尔尼诺"这个名字来源于西班牙语的译音，原意是"小男孩""神童"，也指"圣婴"。据

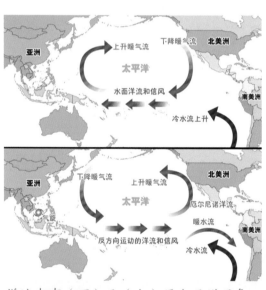

洋流在有（下）无（上）厄尔尼诺现象发生年份示意图

传，很久以前，秘鲁沿岸的渔民们发现，每隔几年，在圣诞节前后，如果附近的海水比往常温暖，这一年捕鱼量将会大大减少，同时会伴随着其他的一些异常天气。渔民为了表达对耶稣的虔诚，用"圣婴"来表示这种现象。

其实，厄尔尼诺指的是太平洋赤道海域的海水大面积异常升温的现象。厄尔尼诺的产生，是大气环流和海洋环流相互作用的结果。它的出现并不遵循严格的规律，一般间隔2～7年。"圣婴"顽劣无常，每一次出现都会伴随着旱涝、冷暖等气候异常。

盘点有记载的厄尔尼诺年，真可谓"劣迹斑斑"。厄尔尼诺曾给拉丁美洲带去大量的降雨，引发洪水，也曾给印度尼西亚、澳大利亚、南亚次大陆和巴西带来过大面积干旱。1972年厄尔尼诺暖流特别强大，这一年全球气候异常，中国发生了1949年以来最严重的一次全国性干旱；1986—1987年的厄尔尼诺现象，使南美洲的秘鲁、哥伦比亚暴雨成灾，使巴西少雨干旱，异常炎热；2015年被称为史上最强、最长的厄尔尼诺年，世界多地的最高气温突破历史纪录，印度、巴基斯坦持续的高温热浪造成数千人死亡。看，厄尔尼诺一来，各种极端天气都有可能伴随出现，这也就是厄尔尼诺经常被提及的原因了。

印度尼西亚涝灾

虽然对于某个特定地区而言，厄尔尼诺的影响未必是一个定数，也不能把某天天太热、某场雨太强、某个台风之诡异统统归咎于厄尔尼诺，但是厄尔尼诺的确会带来持续的高温热浪，造成大面积的干旱，成为制造高温的帮凶之一。

说到厄尔尼诺，就不能不提一提它的孪生妹妹——拉尼娜。"拉尼娜"也来自西班牙语的音译，是"小女孩""圣女"的意思，它的脾气性格与厄尔尼诺正好相反，也被称为"反厄尔尼诺"或"冷事件"，指的是赤道附近东太平洋水温反常下降的一种现象。拉尼娜总是与厄尔尼诺交替出现，出现时也伴随着全球性气候混乱，给某些地区带来持续的高温和干旱。不过，毕竟小女孩要温柔些，加之全球变暖的大背景，近些年，拉尼娜出现的频率越来越低，强度也越来越弱，在制造高温热浪的"黑手"里也不过是个小角色，在这里就不多说了。

热岛效应

热岛效应是英国气候学家路克·霍德华首先提出的气候特征理念。海岛上的地面气温明显高于周围海上气温，这是海洋热岛效应的表现。城市中的气温明显高于周围的郊区，从温度的空间分布上来看，郊区气温变化很小，而城区则是一个高温区，就像突出海面的岛屿，所以就被形象地称为"城市热岛"。

城市热岛效应使城市年平均气温比郊区高出1 ℃，甚至更多。夏季，城市局部地区的气温有时甚至比郊区高出6 ℃以上。城市热岛的形成与很多因素有关，如：城市中混凝土、柏油路面等特殊的下垫面属性，更容易吸收太阳的热量；工厂、机动车以及居民每天都在消耗大量能源，向外排放大量热量，这

城市热岛效应

些热量大部分以热能形式传给城市大气空间；城区密集的建筑群、纵横的道路桥梁等构成较为粗糙的城市下垫层，对风的阻力增大，使风速减小，阻碍了空气的流通，城市的热量不易散失。另外，城市中的机动车辆、工业生产以及大量的人群活动造成更多的热量排放，无异于给城市热岛"火上浇油"。

于是，同样的天气形势下，城市里更容易形成高温，住在城市的居民更容易受到热浪的侵袭，炎炎夏日，人们都想逃往山间、海边避暑，也不足为奇了。

世界上最热的地方

世界那么大，你不想到处走走吗？现在，我们一起去世界上最热的地方看看好吗？不过，如果你夏天一晒就焉，这些看一眼就感觉要中暑的图片，一定不是为你准备的了。

关于地球上最热的地方其实有不少争议。首先，"最热"这个词并不像它听起来这么简单地可以用经验来定义，最热的地方是温度峰值最高的地方，还是平均温度最高的地方？还是我们要把湿度也考虑在内，选出一个气候最不宜居的地方？

上述几个问题，每个都有自己的答案，而且这些答案还都有争议。这真是太让人纠结了！所以，在这里我们就换一种方式，把有力的候选者给挑出来，而不是选一个单独的最热的地方，这样就不会有那么多不同的声音了。

很多人认为世界上最热的地方是美国加利福尼亚州的死亡谷，这是一个相当令人惊悚的名字，它的恶名主要是拜这里恶劣的气候所赐。这里是北美洲最炽热、最干燥的地区。1913年7月10日，人们在这里观测到了56.7 ℃的高温。峡谷里几乎不下雨，更有过连续6个多星期气温超过40 ℃的记录。位于海平面以下86米、四周群山环绕是造成这里气候炎热的主要原因。尽管死亡谷的气候明显不适合人类生存，可这里独特的沙砾地质景观和气候却吸引了各地的游客，到这里来体验死亡谷的炙热，感受死亡谷生与死交融的魔力！

然而，1922年9月13日，利比亚的阿济济耶地区温度达到了57.8 ℃，打破了死亡谷的纪录，夺走了"世界上最热的地方"这一称号，创下了当时的全球历史最高温。2014年，阿济济耶又创下58.8 ℃的高温，可谓"与时俱进"。

最近的研究表明，这两个地方其实都不是"世界上最热的地方"。根据美国宇航局的卫星观测记录，2004年、2005年、2006年、2007年和2009年地球上的最高温度均出现在伊朗的卢特沙漠中。其中，2005年的最高地表温度居然达到了70.7 ℃。卢特沙漠面积约480平方千米，被人们称作"烤熟的小麦"，意思是把小麦放在地面上，高温很快就会把它们烤熟。卢特沙漠是个气候非常糟糕的、灼热的**盐漠**，地表被黑色的火山熔岩所覆盖，容易吸收阳光中的热量。这个温度是卫星记录的温度，衡量的只是地球表面的"土地的温度"，而不是空气的温度，但是不管怎么说，卢特沙漠确实创造了这样一个惊人的高温纪录。

伊朗卢特沙漠

若论年平均气温，埃塞俄比亚丹纳基尔沙漠的达洛尔应该数得上，达洛尔火山是地球上海拔最低的陆地火山。目前，达洛尔地区的年均气温为34.4 ℃，高于地球上任何一个地方。

以上几个地方温度之高的确令人闻之色变，但这高温似乎对人类并没有产生太大的影响，因为这几个地方都没有人类居住。如果你问有人住的最热的地方在哪里，那沙特阿拉伯应该榜上有名。这里每年会迎来大约200万的游客，年平均气温是30.7 ℃。

单从气温来说，相对于沙漠广布的地区，年平均气温为28 ℃的泰国曼谷算是相当凉爽的了。但是由于其位于热带季风气候区，海洋上源源不断的水汽输送，使得曼谷常年湿度较高，作为一座繁华的国际大都市，曼谷的闷热也是闻名全球。

中国最热的地方

最后，咱们再看中国，体验一下中国的"火炉"。中国最热的地方，毫无疑问是新疆的吐鲁番盆地。吐鲁番盆地历史上就有"火洲"之称，是中国地势最低和夏季气温最高的地方。

吐鲁番盆地

　　传说当年齐天大圣孙悟空大闹天宫时，仓促之间，一脚蹬倒了太上老君炼丹的八卦炉，有几块火炭从天而降，恰好落在吐鲁番，就形成了火焰山。《西游记》中曾这样描写火焰山的高温："却有八百里火焰，四周围寸草不生。若过得山，就是铜脑盖，铁身躯，也要化成汁哩。"这段描写显然是夸张，但火焰山的高温的确是名不虚传。

　　位于吐鲁番盆地腹地的艾丁湖景区自动气象站（海拔–145.5米），2015年7月24日测得了50.3 ℃的最高气温。地表温度更是高得吓人，在2015年7月23日，吐鲁番观测站的地面温度竟然达到了77.7 ℃。据说，当地景区经营者利用戈壁地表高温烤熟的鸡蛋，成为旅游者喜爱的特色食品。

　　吐鲁番盆地之所以如此炎热，一是因为当地气候特别干旱，炙热的阳光直泻而下，穿越没有任何云彩遮挡的天空到达地面，地面温度升高，地面辐射增强，大气吸收地面辐射后，气温随之增高；其次是因为吐鲁番的盆地地形，阳光热量不易向外散发，有助于气温的升高；第三是因为这里超低的海拔（最低的地方低于海平面161米），我们都知道，其他条件相同的条件下，海拔越低则气温越高。

　　尽管吐鲁番如此炎热，却仍然有那么多人在那里安居乐业，他们怎么过得下去呢？原来，这里气温虽高，但是降水很少，相对湿度很低，空气并不闷热，属于典型的"烧烤模式"。传统的当地民居都是土木结构，墙壁很厚，具有很好的隔热作用。如今，现代化的避暑手段越来越多，只要人们懂得适当避暑，不到烈日下暴晒，日子照样可以过得很"凉爽"哦。

地球不能承受之热

人们在水中乘凉

热死人的夺命杀手

"这天真热，热死了！"有时我们会听到这样的抱怨，这或许有些夸张，但实际上，高温热浪致人死亡的惨剧经常上演。

据统计，近一百年间，热浪在澳大利亚已经杀死了超过4000人，多于其他任何一种自然灾害的遇难人数。1994年，澳大利亚遭遇了40年来最炎热的12月（澳大利亚位于南半球，与北半球的季节相反，12月正是他们的夏天），很多人因为炎热而脱水或虚脱，不得不到医院就医，很多人因此而丧生。

1995年7月，一波前所未有的致命热浪袭击了美国的芝加哥地区。这次高温在5天内夺走了将近600人的生命。更糟糕的是，芝加哥作为一座大城市，它林立的建筑会产生更多的热量，城市热岛效应让气温变得越来越高。由于当时预报预警技术还不像今天这么先进，直到热浪的最后一天，市政府才发布了高温热浪预警，引发了公众对政府的不满。

巴基斯坦高温

2015年，高温更是来势汹汹，不断在全球各地制造悲剧。4月中旬，高温在印度发威，到了5月，热浪的凶猛程度达到35年来之最。大批不适民众挤满了医院，许多人到医院时已经死亡。这个夏天，印度有2000多人因高温离开了人世。

2015年6月，罕见的连续高温袭击了巴基斯坦。热浪肆虐，气温一度攀升至45 ℃。"杀人热浪"所导致的人间惨剧，频繁在卡拉奇市街头上演：救护车的鸣笛声此起彼伏，各家医院传出的家属哭声不绝于耳。

同样是2015年的6月，可怕的高温笼罩了泰国，到处热得像被火烧的地狱一样，以至于有人在不知不觉中就被高温夺去了生命。在泰国北部的帕府，一天内就热死了4个人，其中有一个55岁的出租车司机，为了熄火让车"休息"一下，车内没开空调，30分钟后就热死在车内。

这一年，亚洲的中国、日本等国也相继遭遇了高温的侵袭。高温热浪同样没有放过生活在欧洲的人们。属于温带海洋性气候的欧洲，夏季平均气温在27 ℃左右。2015年7月，一场500年来最狠的热浪席卷了欧洲。德国、西班牙、法国、

意大利、比利时、奥地利、瑞士等地纷纷开启"烧烤模式"，英国伦敦更是迎来史上最热7月，多地处于高温预警状态；西班牙马德里逼近40 ℃，创下95年来最高纪录。炎热天气使欧洲的死亡率上升，在这轮热浪的袭击下，仅葡萄牙就有大约100人被热死。

那些被热死的动物

高温热浪不仅会让人类感到不适，甚至死亡，在持续的高温炙烤下，动物们也难逃厄运。

2012年，南美洲热浪凶猛，巴西里约热内卢日最高气温达43.2 ℃。在阿根廷布宜诺斯艾利斯动物园内，一头叫作"胜利者"的北极熊因体温急速升高而热死。

2015年7月31日，中国江苏镇江一家动物园内，一头梅花鹿因高温中暑，尽管动物园立即采取了降温措施，但最终这头梅花鹿还是没能躲过这个酷热的夏天，不幸死亡。

动物也避暑

在滚滚热浪的袭击下，野生动物也饱受折磨。2010年印度北方邦的森林地带里，大量的蝙蝠、乌鸦、孔雀因无法承受持续的高温，纷纷死去，它们可是待在森林里避暑的呀。

人体能承受多高的温度

热死人的惨剧频频发生，网络上关于人体能承受的温度极限的讨论也热火朝天。对此，专家表示，其实人体温度和人体环境温度不是同一个概念。如果指人体温度的话，因为人类属于恒温动物，一般人体温度不能超过40 ℃，42 ℃是人体温度的极限，如果超过这个温度，人体器官会发生衰竭，生命也会受到影响。但是人体所能适应的环境温度可以更高，有时候甚至可以达到上百摄氏度。

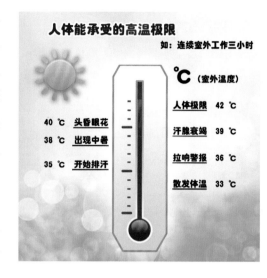

科学家们对人体在干燥空气环境中能忍受的最高温度做过试验：人体在71 ℃环境中，能坚持整整1小时；在82 ℃时，能坚持49分钟；在93 ℃时，能坚持33分钟；在104 ℃时，仅能坚持26分钟。此外，人置身其间尚能呼吸的极限温度约为116 ℃。但据文献记载，似乎人体能忍受的极限温度还要高些。郑重提醒，这些试验都是科学家严格把控的，个人千万不要擅自尝试。

如何解释人体对于高温的耐热性呢？这主要是因为，人体有满布全身的汗腺，它们所分泌的汗液在挥发时会带走紧贴皮肤的空气中的大量热量和人体内的热量，使周围气温大幅度下降，使得人类在足以烹调牛排的温度之下短时间存活，前提是环境要足

够干燥。如果湿度上升，出汗这种有效的降温方式会失去作用，即使温度没那么高，人也会觉得闷热难耐。

一般来说，人体在静止状态下，当空气的相对湿度达到85%时，体温调节极限温度仅有31 ℃，也就是说如此高的湿度下，气温达到31 ℃时，人们就会觉得无法忍受了。当相对湿度达到50%时，体温调节极限温度可以达到38 ℃；当相对湿度达到30%时，体温调节极限温度可以达到40 ℃。如果周围的环境温度超过了人体调节的极限温度，人体将会出现体温调节障碍，引起中暑，甚至诱发心脑血管等其他疾病，最终导致死亡。

疯狂的"纵火犯"

高温不仅仅对人和动物的生存构成威胁，还到处"煽风点火"，引发无数火灾，使森林化为灰烬、房屋被毁、汽车自燃……造成巨大的损失。

高温点燃森林大火

1976年，英国遭遇了有记录以来最炎热的夏天。更糟糕的是，这个国家同时遭遇了严重的干旱，有些地方，人们的生活用水开始短缺。长期持续的高温引发了毁灭性的森林大火。其中一场火灾烧掉了5万棵树。面对熊熊大火，人们无能为力，幸运的是，一场大雨的到来解了燃眉之急。

2010年夏季，俄罗斯出现罕见高温天气和干旱。7月29日，首都莫斯科气温创历史新高，达到39 ℃，使2010年7月成为当地有气象记录以来最热月份。高温干旱引发了严重的森林火灾，俄罗斯境内出现了589处森林着火点，着火总面积超过19万公顷。大火摧毁了俄罗斯大片森林和多处村庄，首都莫斯科也未能逃脱火灾的影响，火灾产生的烟雾顺着风势飘到莫斯科上空，整座城市连续多日烟雾弥漫，空气质量持续恶化，空气中的有毒颗粒物浓度远远高于安全水平。

2010年俄罗斯森林大火

莫斯科到处可以闻到刺鼻的焦煳味，甚至地铁内也能闻到呛人的烟味。许多居民感到呼吸困难、眼睛刺痛，人们上街不得不戴着口罩。

尽管消防人员、士兵及当地百姓昼夜灭火，这场森林大火仍然导致50多人死亡，超过2000栋房屋被烧毁，超过3500人无家可归。

2015年1月，澳大利亚因为高温天气引发林火，在夏天强风和高温助长下，林火越烧越猛烈，数以千计的南澳大利亚州居民被迫逃离家园。

澳大利亚每逢夏季，天气酷热，因此很容易发生大规模林火。1983年，南澳州的圣灰星期三林火，不但夺走了70多人的性命，还导致数千个家园及建筑被毁。2009年，维多利亚州遭遇澳洲史上最严重的林火灾难，有上千所房屋被烧毁，并造成近200人死亡。2019年7月，高温和干旱等极端天气导致澳大利亚

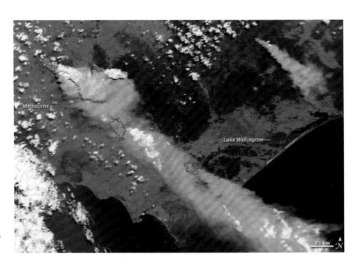

1983年澳大利亚森林起火点卫星图片

多地林火肆虐。大火足足烧了7个月，被称为澳"史上最严重的林火"，造成了空前的损失。据报道，过火面积大约1200万公顷，数十人在火灾中丧生，上千座房屋被损毁。多家环保组织估算，大约10亿只动物在本轮林火中死亡，或被烧死、或因栖息地焚毁渴饿而死。

高温何以成为森林里的"纵火犯"呢？我们都知道，要发生火灾，氧气、火源及可燃物三者缺一不可。一些气象条件本身就是林火的潜在火源。当森林中气温低、相对湿度大时，是不容易发生火灾的。如果高温持续，相对湿度偏低，森林火灾就会一触即发。因为林中有很多干枯枝叶和厚厚的腐殖质层，而长时间的高温使得这些可燃物更加干燥，很容易自燃。

2013年10月的澳大利亚森林火灾，就是因为高温"点燃"了一种含大量挥发性物质的桉树而引发的。

高温引发汽车自燃

高温，晒得人中暑，烤焦了花朵，这些人们都已经习以为常了。最近几年，

高温引发汽车自燃

烈日炎炎下，汽车也渐渐开始频繁"发火"。好好的一辆车，忽然就浓烟滚滚，甚至在几分钟内烧成空壳，这样触目惊心的画面，居然也是高温惹的祸。

2015年7月5日中午，四川省遂宁市绵遂高速射洪境内的路段车辆川流不息。在太阳的暴晒下，车窗外热浪滚滚，毫无遮阴的高速公路上，由于持续暴晒温度更高。忽然，一辆正在行驶的小货车冒起黑烟，司机立即逃下车报警。尽管消防官兵及时赶到，紧急扑救，这辆车上满载的36000个鸡蛋中还是有近20000个被烤熟。经消防部门判断，起火原因是货物中的聚氨酯泡沫在行驶途中剧烈摩擦，高温下导致起火。无独有偶，这个月仅在中国的温州，就发生了26起高温引发的汽车自燃事件。据专家分析，高温使柏油马路、水泥马路的路面温度很快升高，汽车轮胎受热容易爆胎。气温高时，汽车散热慢，影响发电机正常工作，也可能引起自燃、自爆现象。另外，车内物品的爆燃也是引发车辆起火的主要原因。因此，高温天气下，最好不要在车内放置打火机、香水、眼镜、电子产品等易燃易爆物品，以免遭到高温暴晒后，引起自燃或爆炸。

洪泽湖遭遇高温干旱

高温炙烤，干旱如影随形

　　高温与干旱经常连在一起，像一对孪生姐妹。中国的神话里把掌控炎热的神称为旱魃也不无道理，高温在干旱形成的过程中，的确起到了推波助澜的作用。如果一个地方雨水迟迟不肯光顾，高温又趁火打劫，赖着不走，热浪炙烤着大地，地面蒸发和植物蒸腾加大，干旱就会不期而至了。

　　2013年6月，中国长江以南的大部分地区出现了历史罕见的持续高温少雨天气，本应雨水丰沛的季节，降水却无影无踪。而高温，却如挥之不去的噩梦笼罩这里。很多地方38 ℃以上的酷热天气日数创下50年来之最，并出现连续超过40 ℃的酷暑天气，这使得旱情迅速发展，更加严重。高温烤干了庄稼、树木，

高温下的公路

稻秧变成了枯草，河水断流，地下水锐减。这一年的高温干旱给中国的农业生产带来了巨大的损失。

高温就算不是制造干旱的罪魁祸首，但也一定算得上"主谋"之一。

高温烤化了公路

"快来看，那是怎么回事？几辆车停在马路中间走不动了。"2010年7月的一个中午，中国郑州的一条大街上人们纷纷驻足围观。200多米的一段路上停了6辆车，有公交车、出租车、私家车，还有一辆120急救车，其他过往车辆纷纷绕行。

这是怎么回事？原来天太热，把路上的沥青全都晒化了，车从这里通行时，车轮黏上晒化的沥青，沥青又黏着下面铺路时垫上的土工布，撕裂后卷到车轮里，车全都跑不动了。

其实，这跟印度的高温一比，都不是事儿。《印度斯坦时报》2015年6月26日就刊登了一张封面图，首都新德里的一条道路已经被高温熔化，斑马线变得扭曲模糊。

盘点那些与高温有关的"热词"

高温制造的灾难可谓触目惊心，读过那么一大段沉重的文字，我们来点轻松的话题，盘点一下那些跟高温有关的词，尽管这些词让人一看就觉得有点热。

秋老虎

"秋老虎"这名字听起来就让人觉得气势汹汹，没错！它的确来者不善。因为，秋老虎就是秋季高温呀！它是指立秋之后的一种短期回热现象。

按理说，都已经立秋了，天气应该开启"凉爽模式"了吧？那可不一定！秋老虎正虎视眈眈、伺机而动呢。在中国南方有立秋之后还有24个秋老虎的说法。这并不是说有24只真正的老虎，而是民间流传如果当年立秋不下雨，后面还会热上24天。

比如，在2005年、2008年、2010年，中国的南方都出现了威猛的秋老虎天气，而且出现的时间都比较晚，一直延续到了9月中下旬。特别是2008年9月下旬，长江以南被秋老虎袭击，范围之广，强度之大，在当地实属罕见。9月22日，秋老虎猛然发威，给长沙、武汉、广州创下了当地有气象记录以来同期历史极值！

秋老虎如此猖狂，是谁给了它这个胆量呢？既然秋老虎与高温一脉相承，那我们就不得不再一次提到副热带高压了。

秋老虎

　　一般情况下，立秋之后，影响中国的西太平洋副热带高压已经不再那么威风凛凛，而是逐渐从中国大陆向东、向南移动，退回到海洋上了。但是很多时候，它并不会心甘情愿地离开，而是趁着北方冷空气发呆的时机，不时地露个脸，抢个镜，杀个回马枪，给所到之处带来高温炎热，让人无可奈何。

　　这种回热天气不仅仅发生在中国。北美人称之为"印第安夏"，在欧洲称之为"老妇夏"，意思是像老妇的年龄一样，已经到了最后的炎热。

　　"秋老虎"的热跟真正夏天的热是有区别的。夏天的热是全天候的"蒸烤模式"，而秋老虎到来时，因为大地已隐约显现出秋意，副高也是强弩之末，虽然中午一样都是很热，但早晚已经比较凉爽了。

　　因为昼夜温差大，所以面对秋老虎更不可马虎，既要防中暑，还要注意保暖。幸好秋老虎不会持续太久。一整个夏天，我们在"烧烤模式"和"桑拿模式"之间徘徊了那么久，最后的这几天炎热，就权当夏天与秋天的交接吧。

三伏天

中国有这样一句俗语："寒有三九，热有三伏。"三伏天出现在小暑和立秋之中，是初伏、中伏和末伏的统称，是一年中气温最高且又潮湿、闷热的日子。"伏"的含义是，冷的阴气潜伏下来，热的阳气当令盛行。

古人按照中国农历气候规律规定，夏至后第三个庚日开始为头伏（初伏）第一天，第四个庚日为中伏（二伏）第一天，立秋后第一个庚日为末伏（三伏）第一天，每伏10天，共30天。有的年份"中伏"为20天，则共有40天。一般出现在公历7月中旬到8月中、下旬。

我们都知道，夏至这一天，太阳直射北回归线，为什么最热的天气不是出现在夏至，而是出现在一个多月以后的三伏天呢？

主要原因是地球被浓密的大气层包裹，太阳光并不直接加热靠近地面的空气，而是先加热地面，地面再通过红外辐射、空气对流和水分蒸发把热传递给

空气。每天的平均温度并不取决于从太阳那里得到多少热量，而是每天得到的热量和散失的热量之差，即积累的热量的净变化。夏至那天北半球从太阳那里接收到的热量的确最多，但是在夏至过后的几十天中，虽然太阳直射点在慢慢南移，但是太阳高度角还是相当高；日照时间不是最长了，但也还是相当长，每天接收到的热量还是超过散失的热量。所以日平均气温继续升高，到三伏天，尤其是中伏，升到最高。于是，"热在三伏"的俗语就这样诞生并流传下来。

"冬练三九，夏练三伏"也是中国人经常用到的一句俗语，用来称赞一个人学习或者练武勤奋刻苦。在严寒天气下锻炼，以增加肌体对严寒的抵抗力，而在酷热天气下锻炼，能提高人的耐热能力，使肌体能更好地适应炎热的自然气候，从而达到防病健体的目的，这样做有一定的科学道理。但是，也应该根据实际情况适时潜伏，在超级酷暑天，一味强调苦练三伏，就有些不太适宜了。

伏旱和卡脖旱

伏旱，顾名思义，就是指在伏天时期出现的干旱，又被称为夏旱，属于**季风**区的一种灾害性气候，主要发生在我国长江流域及江南地区。三伏天作为一年中最热的时期，太阳辐射强烈，温度高，蒸发和蒸腾量大，如果长期晴热少雨，伏旱就会发生。

玉米抽穗

卡脖旱，听听这名字就让人觉得呼吸困难。还好，这种灾害只是跟玉米等农作物有关，指的是玉米之类的旱作物在孕穗期遭受的干旱。在玉米的生长发育过程中，抽穗前后一个月对水分特别敏感，此时如遇干旱，雄穗或雌穗抽不出来，就像人被卡住了脖子，故名卡脖旱。卡脖旱对玉米产量有很大影响。

干热风和高温逼熟

干热风，听这名字，又干，又热，还有风，想想就觉得可怕。没错，干热风又称"火风""热风""干风"，是一种高温、低湿并伴有一定风力的农业灾害性天气。其风速在2米/秒或以上，气温在30 ℃或以上，相对湿度在30%或以下。看看这几个指标，对于习惯了"烧烤模式"的人们来说似乎还可以忍受。但是，干热风一般出现在5月初至6月中旬，此时正值华北、西北及黄淮地区小麦抽穗、扬花、灌浆时期，对于小麦来说，那可是致命的。小麦在干热风的摧残下，轻者产量降低，重则青枯而死。

水稻田

如果这种晴热干燥的天气7月出现在中国的长江中下游水稻产区，且日最高气温达到35 ℃以上，那就可能严重影响早稻的结实，使水稻成熟期缩短，灌浆不饱满，籽粒在尚未达到饱满时就很快成熟，造成瘪粒或者空粒。这就是所谓的"高温逼熟"现象。

高温自辩：我是有功之臣

高温干了这么多的坏事，可谓恶贯满盈，可是它本人对此似乎还有话要说呢。

"一说起我的名字，人们就开始皱眉头，全然没想到我对人类乃至整个生物界也有很大的功劳。

别的不说，就说说那句著名的谚语，'三伏不热，五谷不结'，看看，假如夏天没有我高温的影子，也没有热浪的踪迹，五谷都不结果实，后果很严重吧！还有一句更精彩的谚语：'人在屋里热得跳，稻在田里哈哈笑。'听听那水稻的笑声，这足以说明，我也是很受欢迎的，并不是所有的生物都像人类那样不待见我。我很喜欢这句谚语，它很生动地描述了人和水稻遇到我时的不同感受。

假如哪个夏天我没有光顾，人们会觉得很凉爽，日子很好过，但这并不是一件好事。许多高温作物就可能因为积温不够而不能正常成熟，导致减产甚至绝收。假如地球上再也没有高温，一些热带植物就会因不适应气候变化而灭绝。

事实上，我并不可怕，对于喜高温高湿植物，只要雨神能够和我好好配合，它们都能够茁壮成长，农作物都会丰收丰产。

近些年来，我出场的机会是多了些，而且越来越多。可是，这能全怪我吗？人们只顾着抱怨我，却很少扪心自问：这到底是为什么？

不是有这样一句话吗，'与其诅咒黑暗，不如燃亮灯火'。在这里，请允许我借用一下，与其抱怨我高温的凶残，不如从自身做起，多做一些有利于地球降温的事，少给我点出场的机会吧。"

如何挺过一场热浪

关注高温预警

"昨天市气象台发布了高温预警，说今天气温将会达到37 ℃，我们还是别去爬山了。"

"我刚刚收到短信，预警信号居然升级为红色啦，气温可能升到40 ℃。"没错，炎炎夏日，及时关注气象台的高温预警，适当调整自己的活动计划，不失为一种明智的选择。

"最近气象台发布的高温预警有些多，还五颜六色的，有点眼花缭乱的感觉。"

其实没有那么复杂。假如你读过前面的文字，我想你一定知道，世界各地的高温定义标准有所不同，因此发布高温预警的标准也不一样。在中国，日最高气温达到35 ℃以上，就被定义为高温天气。高温预警分为3个级别，黄色、橙色和红色，颜色越深，表示其级别越高，造成的影响也会越大。那么，3个级别的预警信号都代表着什么呢？

高温预警信号分三级，分别以黄色、橙色、红色表示。省级气象主管机构可根据实际情况制定高温预警标准，报中国气象局应急减灾与公共服务司备案。

这3个级别的预警信号是依次递增发布的吗？不是，预警信号是可以越级发布的，如果高温天气来得太猛烈，气温上升非常迅速，可以直接发布相应的级别。有时，在发布了一定级别的预警信号之后，预计气温会进一步升高，可能达到更高级别时，气象部门会将预警信号升级到相应级别。

行人穿防晒服避暑

图例	含义	防御指导
高温黄色预警信号	连续3天日最高气温将在35 ℃以上。	1. 有关部门和单位按照职责做好防暑降温准备工作； 2. 午后尽量减少户外活动； 3、对老、弱、病、幼人群提供防暑降温指导； 4. 高温条件下作业和白天需要长时间进行户外露天作业的人员应当采取必要的防护措施。
高温橙色预警信号	24小时内最高气温将升到37 ℃以上。	1. 有关部门和单位按照职责落实防暑降温保障措施； 2. 尽量避免在高温时段进行户外活动，高温条件下作业的人员应当缩短连续工作时间； 3. 对老、弱、病、幼人群提供防暑降温指导，并采取必要的防护措施； 4. 有关部门和单位应当注意防范因用电量过高，以及电线、变压器等电力负载过大而引发的火灾。
高温红色预警信号	24小时内最高气温将升至40 ℃以上。	1. 有关部门和单位按照职责采取防暑降温应急措施； 2. 停止户外露天作业（除特殊行业外）； 3. 对老、弱、病、幼人群采取保护措施； 4. 有关部门和单位要特别注意防火。

现在，3种颜色的预警信号我们都了解了，你喜欢哪种颜色呢？好吧，就算你都不喜欢，及时关注预警信号、提前做好应对准备总是好的。

热浪来了，教你科学避暑

发现中暑怎么办

烈日当头照，小鸟都不叫了，不管走到哪里，高温如影随形。身上汗如雨下，皮肤却感觉很凉。你觉得恶心、头晕、没力气，甚至头痛欲裂。还好，体温是正常的，虽说还没有中暑那么严重，但是已经让人非常不舒服了。这是因为炎热导致人体出现的虚脱症状。

假如你皮肤发红，又干又烫，心跳加速，呼吸急促，体温极高，达到39 ℃以上，你觉得自己简直就要起火了。很不幸，你一定是中暑了。

中暑是高温引起的人体体温调节功能失调，以高温和意识障碍为特征。重症中暑是致命性疾病，也就是热射病，可引发神经器官受损，死亡率高。

发现自己中暑，首先要想方设法得到别人的帮助，马上到凉快的地方去。如果可能的话，坐在浴缸的凉水中。也可以用一条湿床单包住自己，或往身上拍一些凉水。条件允许的话，把一些冰袋放在手腕或脚踝上。躺下，尽量保持凉爽，等待救援人员的到来。

高温天如何防中暑

这么热的天，如何防止中暑呢？坐在家里吃西瓜？打开音响听"雪花飘飘北风萧萧"？就算在心里念一万遍心静自然凉，也抵不过被热炸的刹那。

所以，预防中暑最好的办法就是一直待在凉快的地方。可是，那怎么可能呢？我们还是听听专家的建议吧。

防暑建议一：炎炎夏日多喝水。不要等口渴了才喝，因为口渴表示身体已经缺水了。出汗较多时可适当补充一些淡盐水，弥补人体因出汗而失去的无机盐。夏季人体容易缺钾，含钾的茶水也是极好的消暑饮品。

防暑建议二：注意补充营养。多吃含维生素和较高水分的新鲜蔬菜，多饮用乳制品。不能避免在高温环境中工作的人，还应适当补充含有钾、镁等元素的饮料。

防暑建议三：出行躲避烈日。最好不要在10—16时于烈日下行走，因为这个时间段的阳光最强烈，发生中暑的可能性是平时的10倍！

防暑建议四：劳逸结合，保持充足的睡眠。据专家介绍，夏季最佳就寝时间是22—23时，最佳起床时间是5时30分至6时30分。面对汹涌的热浪，让我们暂时忘记"夏练三伏"的古训吧。

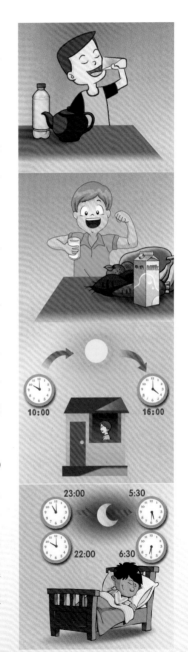

高温防暑小对策

天热心烦，别让情绪"中暑"

1988年，一场热浪袭击了美国纽约市，高温天气持续了一个月。据统计，在这一个月里，谋杀案竟然上升了75%。

高温与暴力，表面上看并不相干，但美国专家通过大数据研究发现，人类社会的冲突与温度的"感应"最为一致，高温和越加严重的暴力呈现很紧密的正相关性，也就是说天气越热暴力越严重。这是为什么呢？

高温下人容易中暑，不容易控制自己的情绪，这在医学上有个名词叫作"情绪中暑"，又叫夏季情感障碍综合征。情绪中暑是指当气温超过35 ℃、日照超过12小时、湿度高于80%时，气象条件对人体下丘脑的情绪调节中枢的影响就明显增强，人容易情绪失控，与他人频繁发生摩擦或争执的现象。

造成情绪中暑的内因，归根结底，还是人体对环境的适应性差。因此，在炎热的高温环境中，应尽可能地从生活习惯和心理上进行自我调节，从而安然愉悦地度过炎炎夏日。

避暑情绪"中暑"

空调虽舒爽，空调病需防

　　"天气这么热，我哪里通通不想去，只想躲在家，看着我的电视吹冷气。"张学友的一曲《天气这么热》唱出了现代人对空调的依赖。酷暑难耐之际，拿起遥控器一按，"滴"一声后，凉风徐徐而来，好不惬意！

　　殊不知，长时间吹空调很可能危害健康，从而患上空调病。在很多城市，炎热的夏天，医院里得空调病的患者比中暑的还多。

　　空调病，指的是长时间在空调环境下工作学习的人，因空气不流通，环境得不到改善，从而出现鼻塞、打喷嚏、耳鸣、乏力、记忆力减退等症状，也有可能患上皮肤过敏、颈椎病、幼儿哮喘等，这些在

通风纳凉

现代医学上统称为"空调综合征"。空调病的主要症状因个人的适应能力不同而有所差异，易患空调病的主要是老人、儿童和妇女。

　　怎么做才能凉爽度夏天，又不会赔了健康呢？开空调时，温度不宜设置得过低，最好在26～28 ℃；冷气不要直接对身体吹，以免造成头痛和关节部位受寒；使用定时装置，空调开机1～3小时后关机，多利用自然风降低室内温度；

室内安放加湿器，或放一盆水调节湿度，避免冷气造成环境太干燥；经常开窗换气，保持空气流通。另外，开车一族在使用汽车空调时，应尽量避免长时间使用，一般以不超过1小时为宜。同时，要预防空调病，还应加强自我保健，提高身体的抵抗力。

高温天，"挑逗"动物要当心

杭州的吴先生是一位藏獒爱好者，2015年8月却被自己家的藏獒无情地攻击了。据邻居介绍，这只藏獒平时很温顺，那天中午不知道什么原因，忽然对正在院子里聚餐的吴先生发起了攻击。根据淄博市疾控中心的统计，一到夏天，被自己家的宠物和流浪动物抓伤、咬伤的人数都会直线上升，仅2015年7月，就有1000多人前往疾控中心接种狂犬疫苗。

原来，"天热心烦"不单单发生在人身上，持久的高温下，动物也爱"生气"，更易狂躁，其攻击性大大增强。同时，夏天市民的衣服单薄，身上暴露的皮肤较多，更容易被动物抓伤、咬伤，因此，夏季与动物接触时，一定要多加防范。外出时，尽量远离流浪动物。家养的宠物一定要接种疫苗，受到动物攻击后，要及时去医院进行伤口的清理与疫苗的注射。

高温天的犀牛

烈日炙烤，室外公共设施也伤人

公园里的滑梯是很多小朋友的最爱，可是，美国爱荷华州一个1岁半的小女孩在玩滑梯时却受到了伤害。小宝宝的双手被烫得肿起了水泡，膝盖和肚子都被二度烫伤。玩个滑梯，怎么会搞得伤痕累累呢？

原来，小女孩玩滑梯的当天是个大晴天。有人给高温天室外的公共设施测量过温度，结果高得吓人。烈日暴晒下，扶梯扶手达72.9 ℃，木质休闲座椅为62.6 ℃，人行道金属栏杆为62.9 ℃……这些简直就是"烫手的山芋"啊！

在我们的日常生活中，如果不多加注意，很有可能遭遇这样的"低温烫伤"。所谓低温烫伤，是指皮肤长时间接触高于体温的低热物体而造成的烫伤。接触70 ℃的温度持续1分钟，皮肤可能就会被烫伤；而当皮肤接触近60 ℃的温度持续5分钟以上时，也有可能造成烫伤。

热浪笼罩之下，人们饱受蒸烤之苦，没想到还有这许多看不见的危险，真需要时刻警惕了。

做好防范，让火魔远离

电线可能因高温而短路起火，透明水瓶可能聚焦阳光造成火灾，火柴等含磷物可能因高温而自燃，化学品可能因高温而发生爆炸……天哪，原来高温离着火点这么近，再有点儿人为的"星星之火"，那就更容易促成"燎原之势"了。看来，炎炎夏日，不仅要防高温，更要做好防范火灾，千万不要惹火上身。

2014年6月30日上午，广州荔湾区一栋住宅楼3层突然蹿出滚滚白烟，邻居发现后拨打"119"报警之际，一个年约11岁的小女孩从窗户冒出头，慌慌张张地爬上了客厅的防盗网求助。原来，这名小女孩刚刚参加完小升初考试，独自在家。幸得路过的3名快递员和邻居们火速营救，消防队员及时赶到灭火，避免

了悲剧发生。后经调查发现，这起火灾是因电器超负荷运转，产生高温电火花引发的。

高温季节，正逢暑假，小朋友们独自在家的情况比较多，我们还是多说一说家庭防火吧。

防火建议一： 要定期给家中电线电路做"体检"，防止家用电器"冒火"。电器周围要杜绝可燃物和可燃气体，同时做好防晒防雷工作。夏季雷雨天气多，电器遭受雷击便会起火，譬如电视机，如果使用了室外天线，应做好相应的防雷措施。

防火建议二： 使用液化石油气时，要严格遵守安全操作规程，防患于未然。液化石油气在空气中浓度较高时，能致人昏迷甚至死亡，浓度达到一定比例时，遇火星就会发生爆炸，真是太可怕了。

防火建议三： 外出游玩时远离危险区域。像化学品仓库、生产化工产品的企业厂房这样的地方，你一定不喜欢去吧，没错，这些地方还是离远一点比较好。

防火建议四： 假如不幸遇到了火灾，首先要做到的是保持镇静，立即报警，在拨打"119"火警电话时要尽量准确地说出街道、小区，并迅速撤离到安全地区。

寒潮探秘

玉树琼枝

冷神的传说

  上图中的这玉树琼枝和美丽的冰瀑多像电影《冰雪奇缘》中艾莎公主施法的作品，抑或是来自风华绝代的雪妖！其实你我都知道，它们是大自然的杰作，是冷空气与伙伴们共同创造的冰雪奇景。

  此情此景，假如你穿越到古代中国，也许会听到这样的对话，"不好啦，不好啦！司寒玄冥打过来啦！""可是，为什么不是青女呢？同样都是冷神，青女可比司寒温柔多了。"当然，假如你穿越到了古希腊或者古北欧，听到的

美丽的冰瀑

对话内容将完全不同。

  在中国古代的神话传说中，司寒玄冥是冷空气的化身，他是水神共工的儿子，和火神祝融是死对头。司寒玄冥居住在北方极寒之地，那里覆盖着永恒的严冬。他法力高强，携风带雪，所到之处寒流肆虐，大地封冻。而他与火神祝融的战争周而复始，难分胜负，因此，当一个地方被司寒占领时，那里就是严冬；被火神祝融统治时，便是炎夏了。

  青女是中国神话里另一位掌管冰雪的神仙。《淮南子·天文训》有文："至秋三月……青女乃出，以降霜雪。"传说青女是广寒宫里专司降霜洒雪的仙子。她每年农历三月十三日、九月十四日，下凡来到人间，站在青要山最高峰上，手抚一把七弦琴，清音徐出，霜粉雪花随着颤动的琴弦飘然而下，洒在大地上，霜冻雪封。九月霜，腊月雪，来年三月又霜，六月大暑，周而复始，四季乃分，百禾俱生。

青女

而古希腊人认为是他们的丰收之神——德墨忒耳掌管了人间的四季。深受寒潮侵扰的古北欧人呢，则认为是冰雪巨人一手制造了严冬。

传说终归是传说。事实上，当滚滚寒流袭来，频频制造灾难，冰雪将庄稼掩埋，严寒冻死牲畜，众神总是沉默不语，从没听说哪位神仙站出来宣布要对这些灾害事件负责。因此，人类从未停止过科学探索的脚步。

今天，现代的科学认知取代了各类传说，世界各地气象部门给传说中的神仙赋予了更加明确的定义和标准。就说冷神吧（司寒或者冰雪巨人），当他降临人间，冷空气像潮水一样涌来，达到一定标准时，有一个很潮的名字——寒潮，大众习惯上称之为"寒流"。寒潮是世界各地常见的一种灾害性天气，一般多发生在秋末、冬季、初春时节，给人类的生产生活带来巨大的影响。

在中国，气象部门对寒潮是这样定义的：某一地区冷空气过境后，气温24小时内下降8 ℃以上，且最低气温下降到4 ℃以下；或48小时内气温下降10 ℃以上，且最低气温下降到4 ℃以下；或72小时内气温下降12 ℃以上，且最低气温下降到4 ℃或以下。由于中国幅员辽阔，地域宽广，南方和北方气候差异很大，人们生产生活的情况也迥然不同，因此，各地的寒潮标准并不完全统一。

那么，寒潮究竟来自何方？是否像传说中的冷神居住在北方？寒潮的到来一定会伴随着大风和雨雪吗？它还会带给我们什么？带着这些疑问，让我们跟随科考队去一起探访一下暴风雪的"故乡"。

探访暴风雪的"故乡"

寒潮的"出生地"

众所周知，地球的南北两极常年气候寒冷，覆盖着永恒的冰雪。这是两个巨大的冰库，是寒潮的"出生地"和茁壮成长的"故乡"。它们每时每刻都用冰雪的躯体冷却空气，孕育寒冷、风雪。

还是先说一说北极吧，毕竟传说里的神仙都住在极北极寒之地。其实，人们通常所说的北极并不仅仅限于极点，而是习惯于从地理学角度出发，以北极圈（北纬66°34′）为界限，将北极圈以北的广大区域称为北极地区。北极地区包括极区北冰洋、边缘陆地海岸带及岛屿、北极苔原和最外侧的泰加林带，总面积为2100万平方千米，大陆冰川的面积达180万平方千米，冰川平均厚度达2300米。北极地区最冷的地方曾出现过低于–71 ℃的极端最低气温。这里是北

寒潮的"出生地"之———北极

极地科考队驻地

半球冷空气的发源地。冷空气在这里酝酿，从这里出发，一路向南，形成一波又一波寒潮，给北半球带来寒冷、大风、暴雪等灾害性天气。如果行程顺利，强大的冷空气前锋甚至能够到达赤道附近，引发南半球的飓风。

看，北极的冷空气已经够凛冽了吧，可是相比之下，南极的暴风雪更胜一筹。同样，人们所说的南极并不仅仅限于极点，而是将南极圈（南纬66°34′）以南的广大区域称为南极地区。南极大陆面积的98%被冰雪覆盖，被人们称为"冰雪高原"。相对于北极而言，南极的气温更低，是世界上最寒冷的地方，堪称"世界寒极"。

更可怕的是这里常常出现超过12级的狂风，又被称为世界的"风库"。12级风的风速是32.6米/秒，10级以上的大风就足以使墙倾屋毁、地动山摇，造成灾难性的后果，使人类的生命财产遭受巨大损失。而在南极，风速却常常可以达

南极地区

到55.6米/秒，也就是200千米/时，是高速公路上汽车速度的2倍！因此，人们又把南极叫作"暴风雪之家"，或者称之为"风极"。这样的风速对于人类的生存来说，无疑是一种严重的威胁。例如1960年，在日本昭和基地越冬的考察队员福岛，走出基地楼房没有几步，便被咆哮而来的大风席卷而去，不知去向。直到7年之后，人们才在很远的地方发现了他的尸体。

南极大陆是南半球寒潮的发源地，也是寒潮爆发最频繁的地区，可以想象这里的寒潮多么可怕。生活在这里的企鹅、海豹还有燕鸥真是太了不起了！

还好，南极大陆上极少有人常年居住，四周是海洋，没有农田、庄稼，不然寒潮带来的损失将会难以估计。原来，传说中的冷神都居住在北方，并不是因为北极更冷，而是因为北极地区有人类居住。古人不识寒潮真面目，就只好想象出许多的神仙来统治寒冷了。

影响中国的寒潮

南北两极辽阔的冰原是孕育寒潮的巨大"产床"，那里时时刻刻酝酿着寒冷。而影响中国的寒潮来自北方。

中国位于欧亚大陆的东部，往北是蒙古和俄罗斯的西伯利亚。西伯利亚是气候很冷的地方，再往北去，就到了地球最北的地区——北极了。那里比西伯利亚地区更冷，寒冷期更长，影响中国的寒潮就是从那里形成的。

北极地区和西伯利亚、蒙古高原一带位于高纬度，太阳直射点终年不能到达，地面和大气接受太阳光的热量很少，尤其北极地区常年冰天雪地。到了冬天，太阳光线南移，直射位置越过赤道，到达南半球，北极地区的寒冷程度更加增强，范围扩大，气温一般都在-50～-40 ℃，甚至更低。

北极风光

由于热胀冷缩的原理，气温低，大气的密度就会增加，空气不断收缩下沉，气压越来越高，逐渐形成一个势力强大、深厚宽广的冷高压气团。当这个冷性高压势力增强到一定程度时，就会像决了堤的海潮一样，一泻千里，汹涌澎湃地向中国袭来，这就是影响中国的寒潮。每一次寒潮爆发后，冷空气就要减少一部分，气压也随之降低。但经过一段时间后，冷空气又重新聚集起来，新的寒潮又蓄势待发。

"高天滚滚寒流急"，大多数寒潮的袭击都是在强盛的西北气流驱动下发生的，速度都是很快的。

不同发源地的寒潮移动速度有所不同。发源于新地岛以西的寒冷洋面上的寒潮速度是最快的，越过整个亚欧大陆，行程数万千米到达中国，一般只需要7～8天时间。移动速度最慢的，是冷空气发源地在西伯利亚大陆的寒潮。冷空气常常在西西伯利亚、蒙古西部一带停留下来，而东北气流还源源不断带来新的冷空气，在这里发生堆积。冷空气在这里积累的时间，往往可以达到十天半月，甚至更久，只有等到西北方有冷空气进入，使阻塞高压垮下来以后，强大的冷空气才会爆发，形成一次席卷东亚的寒潮。

侵入中国的寒潮路径

根据资料统计，95%左右的冷空气都要经过西伯利亚中部地区，并在那里积累加强，这个地区被称为寒潮关键区。从关键区入侵中国主要有4条路径，不同路径的寒潮其强度、影响时的天气情况有很大差异。

寒潮有时走中路，即从西北伯利亚出发，由蒙古经河套地区直达长江以北地区，并带去大风、沙尘暴和大幅度降温，给长江以南地区带去雨或雪。

有时又走东路，由西北伯利亚经蒙古到华北北部、东北南部后转向东南下。走这条路径南下，因为长江以南的中下游地区处于寒潮躯体的后部或底部，所以往往会给这些地区带来较长时间的阴雨（雪）天气。

侵入中国的寒潮路径

　　侵入中国的寒潮有时还走西路，这一路的冷空气发源地可以追溯到冰岛以南的大西洋洋面，南下路途遥远，因此是最弱的。它能够影响中国，主要是由于一路上不时有冷空气加入，尤其是在经过关键区西伯利亚时得到加强，经新疆、青海、西藏高原东南侧南下，主要影响中国北方地区，但降温幅度不大。

　　有时候寒潮会先兵分两路，东路加西路。东路冷空气从河套下游南下，西路冷空气从青海东南下，两股冷空气常在黄土高原东侧，黄河、长江之间汇合，汇合时造成大范围的雨雪天气，接着两股冷空气合并南下，所到之处大风陡起、气压猛升、气温骤降、湿度锐减，还常伴有降水、吹雪等天气，给当地带来巨大的影响。

地球第三极——青藏高原

夏天这么热，越到高处越是凉爽，我们干吗不去青藏高原避暑呢？

什么？想去青藏高原避暑？这真是太有创意了！我们先了解一下青藏高原是不是真的适合避暑吧。

地球上除了南北两极，还有第三极——青藏高原。

青藏高原是世界上最大的高原，中国境内高原面积达257万平方千米，高原平均海拔为4000～5000米。与同高度的自由大气相比较，这里气候最温暖，湿度最大，风速最小。但就地面而言，与同纬度的周边地区相比较，这里气候最冷、最干，风速最大，这是高原的动力和热力作用的结果。因此虽然所处北温带，但因为地势高峻，冰雪覆盖面积大，终年低温严寒，被称为"地球第三极"。

两极的极点纬度都为90°，而青藏高原的珠穆朗玛峰却位于北纬28°，因为位于低纬度地区，青藏高原日照多，辐射强烈；又因为地势高的原因，青藏高原空气稀薄洁净，气温低，积温少。这里，地高天寒，长冬无夏，7月的平均气温仍低于8 ℃，在夏季堪称中国的"冷极"。可以说，这里的大气拥有极地的温度，头顶上却是温带的太阳。因此，关于去青藏高原避暑的事，我想还是再考虑一下吧。

青藏高原上，高山环抱，壁立千仞，有许多耸立于雪线之上，高逾6000～8000米的山峰。想象一下，相对于平原地区，青藏高原拔地而起，已经高高耸立于大气对流层的中部了。假如一个人站在珠穆朗玛峰顶，那岂不是等于站在了大气的对流层顶？毫无疑问，青藏高原已成为中纬度大气环流中的一个庞大的障碍物，对中国气候的形成无疑起着巨大的作用。

在这里，我们还是重点说一说地球第三极对寒潮的影响。

谁能阻挡寒流的脚步

青藏高原对寒潮的影响与南北两极完全不同。

首先，青藏高原作为一个巨大的屏障，就像河流中央没有露出水面的大石头对河流的影响一样，它对寒流的阻挡和分流作用不可忽视。

寒潮冷空气南下，既没有既定的轨道，也没有标准的航线，它总是铺天盖地，漫山遍野滚滚而来，扫过的面积常常可以达到几十万、甚至几百万平方千米。然而，寒潮虽然凶悍，但冷空气团的厚度总是有限的，而且在一路向南的过程中由于不断扩张占领的地盘，厚度会越来越薄，遇到低矮的丘陵山地或许还能一鼓作气，蜂拥而过，但是遇到青藏高原这样的庞然大物，就算它铆足了劲，能爬到喜马拉雅山的半山腰就不错了，更不要说越过高原。因此，寒潮到了这里，只好绕道而行，甚至就此止步。

青藏高原就像一个巨大的阻风屏，它有效阻挡住了北方大陆的寒冷空气，使它们不能进入南亚，这使得青藏高原南部的印度半岛冬季气温远比同纬度的中国地区高得多。昆明之所以成为"春城"，青藏高原同样功不可没。

但是，对于青藏高原以东的中国大陆，就没有那么幸运了。强大的冷空气由于受高原地形的阻挡和挤压，在高原东部汇合后，一泻千里，向中国东部地区高歌猛进。同时，青藏高原的地面冷高压对冷空气具有加强作用，从而助长了寒潮的势力，使寒潮变得更加猖獗，倾泻到中国更南的地方，降温幅度更大，影响范围也更加广阔。

且不说高大的青藏高原对寒潮的阻挡，对于实力较弱的冷空气来说，那一道道普通的山脉，也足以成为它们前进道路上的"拦路虎"。它们不得不降低前进的速度，甚至需要停留一段时间，等待新的冷空气支援，壮大力量才能越过或者绕过山脉继续南下。

一道天山山脉，造就了截然不同的南疆和北疆。由于天山山脉对冷空气的阻挡，南北疆的气候和农作物种植有很大的差异，天山成了中国西部地区中温带和暖温带的气候分界线。

一道秦岭山脉，同样造就了陕南陕北不同的风光。秦岭的海拔高度平均在2000～3000米，它对北方冷空气的阻挡作用同样不容小觑。在秦岭东部的平原上，由于没有山脉的阻挡，冷空气一泻千里，1月的平均气温比岭南同纬度的地区低4 ℃多。陕南盛产柑橘等亚热带经济作物，而陕北则柑橘绝迹，生产的是苹果和梨等温带作物。一山之隔，秦岭成了中国亚热带和暖温带的气候分界线。

绵延在江西、湖南和两广之间的南岭山脉，对于冷空气的阻挡作用也很显著。虽然它的高度无法与北方的高山峻岭一较高下，最高峰也不过海拔2000米左右，但因为冷空气到达这里时，已是强弩之末，因此，一般的寒潮都不能越过它，只有极强的寒潮才有可能越过南岭到达岭南地区，影响福建南部、广

天山

东、广西和海南。于是，就形成了岭北"冬冷夏热，四季分明"、岭南"长夏无冬，秋去春来"的不同气候。

世界上最冷的地方

"哇，–3 ℃了，好冷啊！"与那些生活在极地附近的人们相比，我们这么大喊大叫，未免有点太娇气了，若是南极企鹅听到了定会表现出不屑吧？真不敢想象生活在极地的人们是怎么度过的。现在，我们一起徜徉在文字的海洋，共同感受一段寒冷的旅程吧。

世界的寒极

根据太阳辐射的分布，地球上最冷的地方应该在南北两极的极点，根据气温随海拔高度的升高而降低的原理，地球上最冷的地方应该在高山之巅，但事实上并非如此。关于世界上最冷的地方，历史上几经变迁，不断出现的新纪录总能刷新人们的认知，引起更大的惊叹。

1838年，俄国商人尼曼诺夫路经西伯利亚的雅库茨克，无意中测得了–60 ℃的最低温度，在当时引起了一场轰动，但没有人相信这位商人测得的温度是准确的。直到47年后的1885年2月，人们在位于北纬64°距离雅库茨克东北550千米处的奥伊米亚康，测得了–67.8 ℃的最低温度，奥伊米亚康第一次正式获得了世界寒极的称号。

然而这一纪录在1957年5月被打破，位于南极"极点"的美国阿蒙森—斯科特观测站传出了一个惊人的消息，那里的最低温度降到了–73.6 ℃。于是，世界寒极由北半球乔迁到南半球的南极去了。同年9月，这个观测站又记录到一个更令人吃惊的温度，–74.5 ℃。

这么说，南极的极点该是真正的寒极了。不，1958年5月，寒极又从"极点"搬出来，搬到了位于南纬72°的苏联东方观测站，因为这里的温度居然下降到了-76.0 ℃，6月再度下降到-79.0 ℃。1960年8月，东方观测站最低温度达-88.3 ℃，纪录再一次被打破，然而这一纪录并没有保持很久。1967年，挪威人在极点站观测到-94.5 ℃的数据，成为迄今最低的温度纪录。

-94.5 ℃，人类很难体会到底有多冷。在这样的气温之中，一块钢板掉在地上，就会摔得粉碎，一杯热水泼在空中，落下来就变成了冰。在这种条件下，人类的生存将会受到多大的威胁和考验可想而知。

要说年平均气温，最低的地方要算中国的南极昆仑站。昆仑站位于南极"冰盖之巅"——冰穹A，是南极冰盖的最高点，海拔4087米，年平均温度为-58.7 ℃，是世界年平均气温最低的地区。冰穹A地区空气极其稀薄，含氧量仅为内陆的60%左右，被学者称为"不可接近之极"。

尽管世界最低气温纪录不断刷出新低，但其出现区域最近几十年来一直在南极徘徊。南极被称为世界的"风库"，常年平均气温是-25 ℃，无论从极端气温值还是平均气温值来看，或者再加上风力的大小，综合考虑之下，南极，无疑是地球上最寒冷的地方。

世界上最寒冷的小镇

在俄罗斯西伯利亚东部，坐落着"世界上最冷的小镇"——奥伊米亚康，这里是北半球最冷的地方之一。奥伊米亚康位于北极圈以南350千米的地方，也是最冷的永久定居点。这个地方是如此的冷，你光看着它的照片就浑身发抖了。

冬季的奥伊米亚康，昼夜气温均低于-45 ℃。如前文所述，在1885年2月，这里曾以-67.8 ℃的正式记录获得"世界寒极"的称号，1964年1月，又以-71.2 ℃的低温打破了原有的纪录，这是人类居住地区最低气温的世界纪录，这一点奥伊米亚康村内有纪念牌匾为证。

奥伊米亚康为什么这么冷，以至冷过了北极的极点呢？这主要是由纬度和地形决定的，这里地处高纬，地形为盆地。东面、西面、南面被高山包围，只有北面向北冰洋敞开大门，南面的暖空气被挡在门外，而北面来的冷空气却可

俄罗斯小镇

以长驱直入，并在谷地中停滞下来。本来这里由于太阳辐射少，气温就已经很低了，再加上冷空气助威，雪中送"冰"，这里就更加寒冷。

奥伊米亚康和遭遇严寒就停课的其他国家的学校不同，只有当气温降至−52 ℃时，奥伊米亚康的学校才关闭，学生们才不必冒着严寒来上课。人们在室外呼吸的时候，甚至能感觉到嘴巴里的唾液在结冰。假如你想到那里去旅行，那一定要有心理准备，因为通往村庄唯一的一条路，被称为"白骨之路"。在那里可以使用的现代生活设备少之又少，手机在如此极端的严寒之下早就罢工了。

世界上最寒冷的城市

世界上最寒冷的城市是俄罗斯萨哈（雅库特）共和国的首府——雅库茨克。

雅库茨克

这里的冬季严寒且漫长，平均气温是-40 ℃，极端最低气温为-64.8 ℃。由于这里是永久冻土层，所以雅库茨克是一座建立在坚如岩石的永久冻土上的城市。

去雅库茨克旅行，同样也需要巨大的勇气。因为这里常常笼罩着冰冷的雾，能见度最多也就八九米，看不到地标的人很容易迷路。也不能露天戴眼镜，否则眼镜就会冻在脸上。在雅库茨克拍照也是一件很冒险的事，一分钟内，你可能已经感觉不到食指；而相机可能只能用10分钟，然后就被冻住了。

如此寒冷的城市一定鲜有人居住吧？不是的。在这冰天雪地中常年生活着28万人口（2011年统计数据），这里机场、学校、博物馆、图书馆、俱乐部、剧院、电影院等应有尽有，当地的人们照样生活得多姿多彩，他们真正诠释了什么叫作极端的忍耐力。

中国的寒极

中国的寒极在黑龙江省北部漠河县的北极村，是中国最北的城镇。北极村全年平均气温在-10 ℃以下，冬季平均气温为-30 ℃，极端最低气温曾达到-52.3 ℃。因为处于北纬53°的高纬度地区，极昼、极夜是北极村的一大特色，这里还是中国唯一能观赏到北极光的地方。

北极村游客观光

每年的夏季，到北极村观光的人络绎不绝。每当夏至前后极昼发生时，午夜向北眺望，天空泛白，像傍晚，又像黎明。人们在室外可以下棋，打篮球，如果幸运的话可以看到气势恢宏、绚丽多彩的北极光。假如你打算冬季去旅行，那一定要记得购置一整套御寒装备，从头武装到脚，同时别忘了给相机穿上"羽绒服"，不然，因为它怕冷罢工而失去了拍摄美景的机会，该是多么遗憾啊。

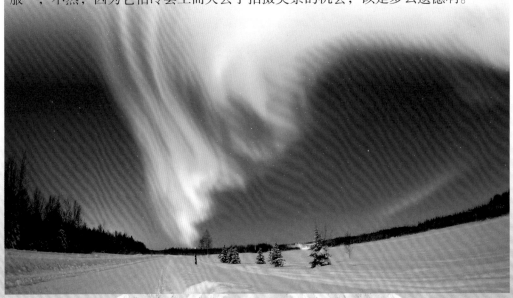

极光

寒潮的功与过

关于寒潮，我们已经说了这么多，现在我们一起来了解一下寒潮天气的古怪脾气和它对人类社会的影响吧。

"昨晚刮了一夜的北风，今天天气骤然间变冷了。"是的，从寒潮的定义可以知道，伴随寒潮而来的首先就是剧烈的降温，人的感受就是一个字——冷。我们听到的那"呼呼"的风声，便是冷空气南下的脚步声了。因此，几乎每一次寒潮的到来都会伴随着较大的风。

冷空气源源不断地涌来，它们争先恐后，横冲直撞。于是，所到之处，尘沙飞扬，小树被折断，屋顶被卷走，就连唐朝大诗人杜甫也不得不感叹"八月秋高风怒号，卷我屋上三重茅"。这里说的就是秋季寒潮大风的威力。

冷空气持续不断地南下，与暖空气相遇，两者激烈交锋，雨雪天气就这样产生了。强寒流涌来时，往往还会带来暴风雪。

寒潮来袭

暴风雪，顾名思义就是风雪交加，既下着大雪还刮着大风，完全没有"雪落无声"的美好意境。在气象学上，大风的定义标准是风力8级（即风速≥17.2米/秒）以上；当24小时降雪量达5毫米以上，降雪时水平能见度小于500米时，就被称为大雪，24小时降雪量达10毫米以上时，被称为暴雪。寒潮暴风雪的恐怖景象堪比美国的灾难大片《后天》。

暴风雪

寒潮的面目如此狰狞，它带着冷，裹着风，夹着雪，所到之处，作物被冻害、河流被封冻、人畜可被冻伤甚至死亡。寒潮对人类的影响似乎只有危害，历史上关于寒潮的记载也难以找到溢美之词。

路有冻死骨

在中国历史上，有记录的最大暴风雪发生在辽东。据记载，崇祯十四年（公元1641年）十一月初八，一场史无前例的寒冷天气袭击了辽东。寒潮带来的暴风雪整整持续了一天一夜，积雪深度达到了一丈（约3.3米）多。厚厚的积雪没过了许多农户的屋檐，数不清的房屋被压塌或损坏，很多人在这场严寒中冻饿而死。

古代历史笔记小说《西京杂记》中记载了一次十分恐怖的寒潮天气过程。公元前109年，中国遭遇了持续的严寒天气，气温持续下降，大雪整整下了数十天，地面上的积雪深度达到了五尺（约1.7米）。牛马等家畜、野兽和鸟雀被冻死的不计其数。因为严寒，再加上大雪封锁，难以寻找到食物，当时的首都长安及其附近被冻死的人达10万以上，冰天雪地里随处可见冻僵了的尸体。

南方寒潮也可怕

从古至今，寒潮在中国的北方地区横行，人们已是司空见惯了。寒潮到了南方应该会温顺许多吧？

的确，寒潮在南下过程中会遇到许多"拦路虎"，会有所减弱，只有非常强大的寒潮才能够到达中国的华南和西南地区。但假如你在2008年的1月，到过中国中南部的城市长沙，你就会亲身感受到南方寒潮的可怕了。

2008年1月12日，寒潮翻山越岭，给长沙送来了难得的雪景，下雪对于这座南方城市来说并不常见。沉浸在欢乐中的人们并不知道，一场灾难正悄然袭来。

源源不断的冷空气席卷了大半个中国，恶劣天气持续时间之长、强度之大、灾害之重为历史罕见。江西出现了59年来最严重的低温雨雪冰冻天气，湖南省的电线积冰达到30～60毫米，贵州49个市（县）持续冻雨日子突破历史纪录，浙江出现了84年来最强暴雪。这场罕见的低温雨雪冰冻天气给各行各业造成了严重影响和重大损失。

电线积冰

雨雪形成的电线积冰给南方的输电设施带来灭顶之灾。三峡大坝的大动脉——湖北宜昌至上海的输电线路上有4座线塔竟然被冻雨压垮了！电力中断还使铁路电车失去动力，千百万人因此被困在风雪交加的路上。

寒潮袭击美国

1888年3月11日，美国纽约市还处在温暖的天气中，但好景不长，第二天，气温骤降，刮起了刺骨的寒风，大雨变成了大雪，一场突如其来的寒潮袭击了这个毫无准备的城市，让一切都陷入了混乱之中。这场被人们称为"白色大飓风"的寒潮天气横扫了美国整个东海岸，夺走了400多人的生命。

轮船沉没，电话线因结冰而断，公共交通停运，而纽约市正是受灾最严重的地区。纽约在这场暴风雪中的降雪量达到了惊人的程度，实际堆起来的雪堆超过了10米。这场可怕的暴风雪持续了3天，仅纽约市就有100人被夺去了生命，更多的人正在忍饥挨饿，因为商店里所有的食物全卖光了。这是纽约市经历过的最为严重的寒潮天气。

这场暴风雪还带来了不少心酸又令人捧腹的故事。有个人摔倒在雪堆里，竟然被马蹄刮伤了额头，原来，是一匹马被冻死之后，完全被雪埋没了。还有一个人，在暴风雪中走得筋疲力尽，想靠在路灯柱上休息一下。他实在太累了，竟然睡着了，于是他的脸就和灯柱冻在了一起。当他醒来蹒跚回到家时，才发现自己的假牙不见了。后来，他找到了这颗假牙，就在那根灯柱上的冰里面。

寒潮大规模入侵欧洲

  2012年1月底到2月初，一场罕见的寒潮席卷了整个欧洲大陆，在滚滚寒流肆虐下，欧洲大地从北到南、从西向东的所有国家，几乎都被波及，气温骤降，大雪纷飞。这场强寒流不仅导致欧洲各国交通拥堵、航班取消、电力供应中断，严重影响了社会生活，甚至还对民众的健康和生命构成了巨大的威胁，在严寒笼罩下，超过260人被冻死。

  如果说在纬度较高的北欧芬兰，最低气温达到-39 ℃还情有可原的话，那么南欧的巴尔干半岛，气温居然下降到-37 ℃就比较令人吃惊了。更加惊人的是，在意大利这种夏季炎热、冬季温和的典型地中海气候国家，居然风雪弥漫，全国交通因为暴雪而陷入一片混乱。

欧洲遭遇寒潮

不过和以下这些东欧国家相比，意大利的降雪就只能说是小巫见大巫了：波黑首都萨拉热窝有超过0.9米的积雪，将近6万人因积雪封城不得不待在家中；捷克的气温更是跌至破纪录的-38.1 ℃。拜这场寒流所赐，罗马尼亚部分地区积雪厚度居然破纪录地超过了4米，许多村庄因为大雪而与世隔绝。受这场寒潮影响最严重的国家是乌克兰，在乌克兰有将近1600人因为体温过低和冻疮需要入院治疗，超过150人因严寒而死亡。

暴风雪、酷寒、冻伤，这些与寒潮相关的词语总是这样令人不适，有没有脾气好一点的寒潮呢？秋、春季寒潮似乎要好很多，冷空气不像冬天那么肆无忌惮。不过，这些看起来温和的寒潮，更像是笑面虎，笑里藏刀。

"白毛风"和"黑风暴"

假如你在朔风凛冽、雪花飞舞的冬季到内蒙古草原做客，或许你就有机会见识一下"白毛风"的威力了。

每当强大的西伯利亚寒潮袭来，狂风呼啸，所卷起的地面积雪大片大片地在天空飞舞，你分不清是天上的降雪还是地上的吹雪。在白毛风卷起的雪浪中，你会发现你所居住的小屋，仿佛一叶独木舟，在大海的浪尖上颠簸。那场面真是惊心动魄。

其实，白毛风就是我们所说的暴风雪，是指大风、降温并伴有降雪的天气，学名叫雪暴。

白毛风在中国内蒙古、新疆、黑龙江等地经常现身，甚至在河北的一些地方也曾出现过。如1962年2月，在坝上的康保县曾发生过一次严重的白毛风天气。这次白毛风

雪暴

持续时间达10天之久，积雪埋没了道路、房屋，公路积雪最深处达1米以上，人车寸步难行，交通断绝。大批羊群因缺草、严寒而被饿死、冻死。

除了白毛风，"黑风暴"也与冷空气密切相关。

黑风暴是一个名副其实的"黑色妖魔"。狂风挟着大量砂石和尘土，铺天盖地压来，顿时，太阳失去了光辉，天空一片黑暗，伸手不见五指。因此，人们也把这种风暴叫作"黑风"。

黑风的学名是特强沙尘暴。特强沙尘暴发生时，瞬时风速大于25米/秒，能见度降低到50米以下，甚至降低到0米。黑风暴不仅会直接导致土壤的过度流失，还会污染空气，对自然环境的破坏力极其可怕。近年来，沙尘暴在中国肆行无忌，屡有发生。

特强沙尘暴

1977年4月22日，甘肃省张掖市发生了一次黑风，翻滚的尘暴争先恐后地涌来，耳边狂风呼啸，令人胆战心惊。上万亩良田的表层沃土被刮得一干二净，顷刻间沙石满天飞舞。10多名小学生被吹落水渠，不幸丧生。令人难以置信的是，2000年春，沙尘天气竟然12次袭击北京。

黑风的破坏力如此巨大，能量来自何方？那只巨大的将沙尘抓起又抛下的"黑手"又是谁的？

我们知道沙尘暴天气主要发生在冬春季节的干旱地区。这是由于冬春季干旱区降水甚少，地表土壤异常干燥松散，抗风蚀能力很弱，当有强冷空气南下，大风刮过时就会将大量沙尘卷入空中，随着冷空气一路狂奔，形成沙尘暴天气。事实上，寒潮大风经常扮演那只抛沙的巨手。

小冻雨，大危害

我们已经说过，冻雨曾给南方输电设施带来灭顶之灾。那么冻雨是否也是寒潮的"杰作"呢？从环流形势及影响系统来说，冻雨天气一般发生在强冷空气南下与暖湿气流对峙的情况下，此时地面风速较小，阴雨天气长时间持续，

冻雨

雨凇

比较容易形成冻雨。虽说，冻雨的形成非寒潮一己之力所能完成的，但冷空气的作用仍然不可或缺。因此，在这里，我们还是要一起了解一下冻雨的形成过程和危害。

你是否见到过这样的情景：空中有雨滴落下，可是降落下来时，却不见雨水，雨滴一碰到物体立即就冻结，这种现象称为冻雨。

冻雨其实就是温度低于0 ℃的雨水，它的形成过程很"纠结"，需要3层气温不同的空气交汇，形成一个上下冷、中间热的"夹心饼干"。冻雨出现的最初状态其实是雪花，当时空气温度低于0 ℃，在下降到3000米左右时，经过温度高于0 ℃的空气层融化成雨滴。随后下降到地面，又遇到温度低于0 ℃的空气时，水滴虽不会转化为雪花，但附着在物体上后，就会冻结成外表光滑、晶莹透明的一层冰壳。

电线积冰

冻雨落在电线、树枝、地面上，随即结成外表光滑的一层薄冰，有的如同冰糖葫芦的糖衣一样将附着物包裹起来，有的则边流动边冻结，制造出一串串钟乳石似的冰柱，这种冰层在气象学上又被称为雨凇。它们晶莹透亮，如同冰雕一般，可以说是大自然的一大奇观，煞是好看！可惜的是，这种奇观却是一种灾害。

道路结冰

首先雨凇边降边冻，能立即附着于物体的外表而不流失，形成越来越厚的坚实冰层，从而使物体负重加大，对电力、农业、交通等造成比较严重的影响。

雨凇最大的危害是使供电线路中断，雨凇使高压线的钢塔可能会承受10～20倍的电线质量，在两个铁塔之间的电线上所凝结的冰的质量可以达到数吨。电线结冰后，遇冷收缩，加上风吹引起的震荡和雨凇质量的影响，电线不胜重荷而被压断，几千米甚至几十千米的电线杆成排倾倒，造成输电、通信中断，严重影响当地的工农业生产。

在公共交通方面，路面会有冰壳形成，导致路面很滑，易引发交通事故甚至导致高速公路的封闭。雨凇也会威胁飞机的飞行安全，飞机在冻雨中飞行时，机翼、螺旋桨处会结冰，影响飞机空气动力性能，造成失事。在农业方面雨淞会大面积破坏幼林，冻伤果树，冻死庄稼。严重的冻雨还会把房子压塌，危及人们的生命财产安全。

春寒误早花——倒春寒

春末夏初，冷空气即将退出季节的舞台，但它总是恋恋不舍地念叨着最后的台词，时不时地来场倒春寒，让人们猝不及防。

南宋僧人善珍曾有这样的诗句"雪暝迷归鹤，春寒误早花"。看看，这是一千多年前的春寒，这一场春寒带来的大雪，让鹤迷失了回家的路，也使那些早开的花儿遭受了侵袭。

倒春寒

桃花顶雪

不管时空如何变幻，倒春寒总是那么任性地说来就来。

"下雪了，下雪了。"2015年4月13日，山东淄博的市民一起床，就发现他们从阳光和煦的春天穿越到了冬季。昨天还是"暖风熏得游人醉"的28 ℃，一夜之间，气温跌到了-3 ℃，天空还飘起了雪花。

此时的淄博，山间的果园里桃花正在盛开，这场寒潮给淄博人带来了美丽的"桃花雪"。但是，这美丽雪景的代价异常惨重，这一年桃树、苹果、樱桃等遭受严重冻害，产量减少了30%，正在返青期的冬小麦也因冻害而减产严重。另外，反复无常的天气让人们无所适从，呼吸道疾病和心脑血管疾病的患者也明显增多。

确切地说，倒春寒就是指初春（一般指3月）气温回升很快，而在春季后期（一般指4月或5月），由于频繁的冷空气侵袭，或冷空气与南方暖空气相持，形成持续性低温阴雨天气，致使气温反而较正常年份偏低的现象。倒春寒不仅在中国常见，日本、朝鲜、印度及美国等国家也时有发生。

禾穗未熟皆青干——寒露风

寒露风，顾名思义，那一定是出现在寒露节气前后了，因为降温时一般都伴有偏北大风，故名"寒露风"（又叫"社风"），主要发生在中国南方广大的水稻产区。

这时正值晚稻抽穗开花的时节，需要较高的温度和充足的阳光，只要寒露风一刮，晚稻的生长发育都会受到影响，结实率大幅度下降；寒露风厉害的地方，甚至会造成晚稻"青枯"而死。在华南沿海地区，如果南下冷空气恰好与台风相遇，风力会更大，并伴有大雨或连阴雨，对晚稻的危害更严重。

寒露风分两种情况：一是冷空气很强，它从北方长驱直入，降温明显，空气干燥，风力强劲，而且昼夜温差大；二是北方冷空气南下时，在南方遇到了逐渐减弱的暖湿气流，冷暖空气一交锋，再加上足够的水汽，低温阴雨天气便出现了。这两种天气都是晚稻的大敌。

严霜杀禾

自古以来，霜冻一直是人类的大敌。诗人陶渊明曾有"山中饶霜露，风气亦先寒"的诗句，诗人很自然地将霜与寒风联系在一起了。《诗经·小雅》中也有"正月繁霜，我心忧伤"的诗句，可见霜给古代劳动人民的生产活动带来多大的影响。

深秋的早晨走到室外，石块、树叶、草木、低房的瓦片上，覆盖着一层晶莹的白霜，那就是霜冻吗？其实不是的。霜冻与我们看到的白霜并不是一回事。白霜是气温低于0 ℃时，空气中的水汽直接在地面或地面的物体上凝华，形成一层白色的冰晶现象。而霜冻指的是生长季节里，土壤表面或者植物株冠附近的气温降至0 ℃以下而造成作物受害的现象，是一种农业气象灾害。

出现霜冻时，往往伴有白霜，但有时不见白霜，作物却受到了冻害，这种霜冻被称为"黑霜"或"杀霜"。黑霜一般出现在空气中水汽含量很少的情况下，

温度即使降低到了零下，地表和植物表面也不会有白色的霜凝结出来。因此，虽然看不见白霜，但是植物已经冻坏了。这种现象在北方干燥地区经常见到。

霜冻是农业生产的大敌，严重的霜冻可以使大面积农作物死亡，造成巨大损失。1953年和1954年，中国的华北地区发生两次严重的霜冻，使千里华北平原上的上千万公顷小麦平均减产20%以上。

寒潮自辩：我也是有功之臣

"我知道人们都不喜欢我，我所到之处都会给那里的天气、气候带来很大的变化，给人们的生产和生活造成很多不利影响，我倍感愧疚。可是，有时候我也觉得很委屈，人们只盯着我的过错不放，我做了那么多的好事，他们却从不放在心上。

我很感激地理学家为我正名。他们通过研究分析发现，我的存在对于地球表面热量交换有很大的帮助。随着纬度增高，地球接收的太阳辐射能量逐渐减少，因此地球形成了五带。如果不是我携带大量冷空气千里迢迢奔向热带，地面热量怎么能大规模交换？没有我，自然界将难以保持如此和谐的生态平衡，难以拥有如此繁茂的物种。

还有，你一定听说过'瑞雪兆丰年'这句农谚吧，这句话为什么能在民间千古流传？那可是我寒潮的功劳。气象学家都说了，'寒潮是风调雨顺的保障'。尤其是受季风影响的中国，冬天气候干旱，为枯水期，我不停地积聚力量，翻山越岭，给大地带来雨雪天气，缓解了冬天的旱情，使农作物受益。我带来的雪水可不是普通的水，雪水中氮的含量是普通水的5倍以上，可使土壤中氮离子浓度大幅度提高。雪水还能加速土壤有机物质分解，从而增加土中有机肥料。更重要的是，大雪给越冬农作物盖上了一层厚厚的棉被，抗寒保温，让它们安全越冬。到开春，积雪慢慢融化，又可以减轻农田的干旱。

'寒冬不寒，来年不丰'，这句话你也一定听说过吧。农作物病虫害防治专家认为，我带来的低温，是目前最有效的天然杀虫剂，可以大量杀死潜伏

瑞雪兆丰年

在土中过冬的害虫和病菌，减轻来年的病虫害。调查数据显示，凡大雪封冬之年，农药使用量可节省60%以上。

另外，我还带来了丰盛的风力资源。这可是一种无污染的宝贵能源啊。举世瞩目的日本宫古岛风能发电站，在我的帮助下，发电效率竟然达到了平时的1.5倍。

看看，我做的好事还是挺多的，一时半会儿也说不完。不过我还是想提醒大家，我是不走回头路的，以人类的力量想要阻止我的脚步很难。幸好现在的气象工作者可以通过卫星随时监测到我的势力强弱和行动路径，一旦发现了我活动的迹象，便会通过各类媒体发出预报、预警，提醒人们注意采取防范措施。因此，要想与我和平共处，大家还是多关注天气预报和预警吧。也许，你还是忍不住要问：'寒潮来了怎么办呢？'下面的文字也许对你有帮助。"

寒潮来了，怎么办

寒潮要来我先知——关注寒潮预警

"妈妈不会搞错了吧？让我穿这么多。"萌同学一边走一边嘟囔着，头顶着热烘烘的太阳，没走几步就出汗了，可妈妈非说要来寒潮。"喂，你怎么穿这么厚，从冬天穿越来的吗？"刚走到学校门口，一个同学就看到了她。唉！肯定是要被同学笑话。萌同学把外套脱下来，打算进了教室就塞到书包里。

下午正上着课呢，外面刮起了风，云慢慢地占据了天空。等到下午放学，天空竟然下起小雨来。天气果然变冷了。萌同学心里窃喜，有个预报员妈妈就是好呀！不过，很多同学纷纷拿出了外套，看来大家都很关注天气预报呢。

"你怎么知道今天天气要变冷了呢？"

"昨天下午我爸爸收到了寒潮预警的短信，今天早上就非让我带着，没想到寒潮真的来了。"那些没准备的同学纷纷投来羡慕的目光。看来以后还得多关注天气预报和寒潮预警。

我们先来认识一下寒潮预警吧。

寒潮预警信号分为蓝、黄、橙、红4个级别，比高温预警多了一个蓝色级别，警信号图标的左上角以下指粗箭头表示，其中标有"℃"标识，意味着气温大幅度下跌。

因为世界各地的气候不同，寒潮预警信号的发布标准也有所不同，目前中国气象局按照如下标准发布：

图例	含义	防御指导
寒潮蓝色 预警信号	48小时内最低气温将要下降8℃以上，最低气温小于等于4℃，陆地平均风力可达5级以上；或者已经下降8℃以上，最低气温小于等于4℃，平均风力达5级以上，并可能持续。	1. 政府及有关部门按照职责做好防寒潮准备工作； 2. 注意添衣保暖； 3. 对热带作物、水产品采取一定的防护措施； 4. 做好防风准备工作。
寒潮黄色 预警信号	24小时内最低气温将要下降10℃以上，最低气温小于等于4℃，陆地平均风力可达6级以上；或者已经下降10℃以上，最低气温小于等于4℃，平均风力达6级以上，并可能持续。	1. 政府及有关部门按照职责做好防寒潮工作； 2. 注意添衣保暖，照顾好老、弱、病人； 3. 对牲畜、家禽和热带、亚热带水果及有关水产品、农作物等采取防寒措施； 4. 做好防风工作。
寒潮橙色 预警信号	24小时内最低气温将要下降12℃以上，最低气温小于等于0℃，陆地平均风力可达6级以上；或者已经下降12℃以上，最低气温小于等于0℃，平均风力达6级以上，并可能持续。	1. 政府及有关部门按照职责做好防寒潮应急工作； 2. 注意防寒保暖； 3. 农业、水产品、畜牧业等要采取防霜冻、冰冻等防寒措施，尽量减少损失； 4. 做好防风工作。
寒潮红色 预警信号	24小时内最低气温将要下降16℃以上，最低气温小于等于0℃，陆地平均风力可达6级以上；或者已经下降16℃以上，最低气温小于等于4℃，平均风力达6级以上，并可能持续。	1. 政府及相关部门按照职责做好防寒潮应急和抢险工作； 2. 注意防寒保暖； 3. 农业、水产品、畜牧业等要积极采取防霜冻、冰冻等防寒措施，尽量减少损失； 4. 做好防风工作。

　　了解了寒潮预警的发布标准和防御措施，相信下次寒潮拜访时，你一定不至于手足无措了。

寒潮来了，防"变天病"

老天爷真是个大忽悠，中午最高气温达20 ℃，傍晚突降到8 ℃，一天没过完竟有12 ℃落差，让爱俏的人们上午穿短裙，下午冻得鼻涕直流。这时候，人们不禁惊呼：寒潮来了！

很多人天气一转凉就会生病，俗称为"变天病"，比如鼻炎、呼吸道疾病、腰痛、腹痛、关节炎等，还有要命的心肌梗死在寒潮来袭时也更容易发作。

专家建议，冷空气袭来，人们应按天气特点合理着装，适度添减衣物，注重透气保暖，调节饮食，不忘增补热量。为防感染呼吸道疾病，可多吃一些温散风寒的食物。加强锻炼，增强体质，以防得"变天病"。

寒潮来袭

寒潮来了，防冻伤

突如其来的大幅降温是否让你有些措手不及？在被冻伤之后，你就真正领略了"数九寒天"的厉害了。对一些人来说，当气温降到-10 ℃以下时，就有可能被冻伤，比如那些只要风度不要温度的"敢冷队队员"，还有那些孩子老人，他们面对刺骨的寒风怎能吃得消？寒风可是无孔不入、见缝就钻的，寒气会透过衣裙缝隙渗进来，刺激皮肤，引起下肢静脉血管血流不畅，很容易长冻疮。得了冻疮的地方会出现红色肿块，暖和过来后又疼又痒，着实让人不舒服。那么，寒冬里如何御寒，怎样防冻？

要想预防冻伤首先是外出要保暖，穿衣服要尽量宽松，不要穿紧身衣服，以免影响正常的血液循环；出门前一定要戴好手套，暴露在外面的皮肤要涂上一层滋润性强的润肤露来保护。长冻疮与个人身体素质有关系，有冻伤史的人每到冬季要更加注意。还要加强体育锻炼。据说，冷水洗脸的保健作用很不错，能够锻炼人的耐寒能力，对预防感冒、鼻炎很有帮助。

另外，防止冻伤还需要注意两点：一是要防寒，二是要防湿。万一冻伤的话，要温敷，千万不要热敷。如果冻伤情况比较严重，还是到医院请医生帮忙吧。

遇到暴风雪怎么办

寒潮的到来，经常伴随着风雪。出现暴风雪时，狂风卷着雪花在空中飞舞，使能见度变得很低，滑坠、被雪掩埋、迷路的可能性增大，可见，在野外遇见暴风雪是非常危险的。

积雪覆盖

　　2005年5月13日17时，青海省柴达木盆地茫崖地区，天空蓝色如洗，气温达到了20 ℃。此时，在这里作业的96名勘探队员无论如何都不会想到，半小时后他们将遭遇一场突如其来的暴风雪。

　　暴风雪突然来袭，气温急速下降，从10 ℃、0 ℃，直至-10 ℃，高寒缺氧、道路难行、体力极度透支，被困人员面临着生死的考验。暴风雨雪使紧急撤离受到了很大影响，车辆陷入泥泽，无法动弹。虽然各方全力营救，不幸的是仍然有15名勘探人员在这次暴风雪中遇难。

　　因此，户外活动时一定要科学地选择天气时机，准备好必要的防寒装备、燃料和食品。活动中突然遇到暴风雪，首先要做好固定保护，防止滑坠、冻伤。如果被困车上，坚持跟你的车在一起，这样更容易被发现。露营时突然遇到暴风雪，应加固好帐篷，严禁离营，更不能进行攀登活动，及时清除帐篷上覆盖的积雪，以防帐篷被积雪压塌。更重要的是保持镇静，及时发出求救信号。自救时正确判断方位和决定路线很重要，假如在暴风雪中迷失方向，慌不择路、快速奔跑，将会很快耗尽体力，很容易导致悲剧的发生。

给植物穿上"保暖衣"

　　天气变冷了，人们都穿上了厚厚的冬装。那些植物朋友怎么御寒呢？虽说各种植物有它们自己的一套防寒手段，但人类的帮助会使它们更容易安然度过冬天。

　　冬日的公园里，你会看到许多花草穿上了防风罩，而一些高秆植物、树木则被刷上了一层白灰。更有意思的是，一些植物的树干上还包了一层特殊的绿色袋子。防风罩能够给树木防寒保暖，白灰能够防虫防冻，绿色的袋子则是一种新型的保温保湿袋，据说保温效果很好，可以重复使用三年，并且还能防治病虫害呢。

植物穿上"保暖衣"

对于大片大片的农作物来说，以上方法未免太烦琐。最好的措施还是选择播种适宜的作物品种，选择合适的天气移栽。其次要密切关注天气预报，在寒冷天气到来前给庄稼喷喷水，或者在冻害可能发生提前燃放烟火，制造烟雾，可以有效防止冻害。如果冻害已经发生了，那就及时补种、施肥、浇水，让庄稼尽快恢复生长吧。

因纽特人的圆顶小屋

假如你要到冰天雪地的北极地区去露营，大可不必带上帐篷。做一回因纽特人，给自己建造一座梦幻般的雪屋，那一定是一次美妙的旅行。

因纽特雪屋

因纽特雪屋是生活在北极地区的因纽特人的发明。尽管随着时代的发展，现代因纽特人的生活已经和以前有了很大的区别，雪屋变成了现代的房子，但是，很久以前，生活在酷寒冰原中的因纽特人没有木材和泥草，在漫长的严冬到来之前，只好就地取材，用冰砖建造属于他们自己的雪屋来抵御严寒。

半球形的雪屋从外表看很像一口大锅扣在地上，或者像一个小小的蒙古包。最大的雪屋地面直径有七八米，小的则只有两三米。一间雪屋的平均寿命在50天左右，因此，因纽特人每年盖新房和搬家次数均为世界之最。

据说，一个手法熟练的因纽特人用40分钟就能筑起一座小小的冰屋，这可以算得上世界上成本最低、最天然绿色的建筑了。那看似柔弱的雪花聚集在一起，竟然构建了抵御暴风雪的坚固建筑，谁能想到呢？

  雪屋的建造非常科学。它以地平线为基点，既向天空发展，又向地下掘进，既是建的，又是挖的。圆屋顶不但可以阻挡刺骨的寒风，还能保护屋顶，使它不会融化。屋内螺旋形的墙壁上挂满了兽皮，既可以防寒，亦可作装饰。雪屋凿有矮小的门和向南的窗，窗户用透明的海兽肠子做遮蔽，只透光不透气，别具特色。

  冰是热的不良导体，凝结的雪砖密不透风，小小的雪屋为因纽特人抵挡了外面的酷寒。雪屋里面有多暖和呢？一般在0℃到零下十几摄氏度。如果气温升至冰点以上，雪屋将会慢慢消融、坍塌，不复存在了。虽说这个温度无法和空调房相比，但相对于外面零下四五十摄氏度的气温，雪屋已经很宜居了。

  晚上，仰望北极地区的夜空，天上的星星又大又亮。此时，在那一座座小小的雪屋里，许多人正恬然入梦。人类有着无穷的智慧，在严酷的生存环境面前，选择了面对，把寒冷和风雪当作上天的恩赐，把无聊至极的莽莽雪原变成了安居乐业的梦幻王国。

主要参考文献

林之光，1999.气象万千[M].长沙：湖南教育出版社.

路易斯·斯皮尔伯格，2011.探索频道·少儿百科全书：气象[M].武汉：湖北美术出版社.

谢世俊，2012.寒潮[M].北京：气象出版社.

朱乾根，林锦瑞，寿绍文，2007.天气学原理和方法（第四版）[M].北京：气象出版社.

附录 名词解释

页码	名词	释义
022	盐漠[1]	盐水浸渍的泥漠。分布于荒漠低洼部分。干涸时可形成龟裂地。仅生长少数盐土植物。
039	季风[2]	大范围区域冬、夏季盛行风向相反或接近相反的现象。如中国东部夏季盛行东南风、冬季盛行西北风,分别称夏季风和冬季风。

[1] 夏征农,陈至立. 辞海(第六版)[M]. 上海:上海辞书出版社,2010.

[2] 全国科学技术名词审定委员会. 大气科学名词(第三版)[M]. 北京:科学出版社,2009.